AF826365

Einteilung der Elemente

von

Henri Moissan

Mitglied der Akademie, Professor an der Universität Paris.

AUTORISIERTE DEUTSCHE AUSGABE

von

Dr. Th. Zettel.

BERLIN W.

VERLAG VON M. KRAYN.

1904.

Einteilung der Elemente.

Die Einteilung der Elemente ist eines der wichtigsten Probleme der Chemie und hat seit einem Jahrhundert die Gelehrten intensiv beschäftigt und zu mannigfaltigen Forschungen in dieser Richtung Anlass gegeben; steht es doch mit Rücksicht auf die Atomgewichte mit den grundlegenden Anschauungen unserer Wissenschaft in Verbindung.

Vor allem muss aber genau unterschieden werden zwischen der Frage der Einteilung der Elemente und den Versuchen, die angestellt worden sind, um uns Rechenschaft zu geben von der Materie, die uns umgiebt und von den Vorstellungen, die durch die Mannigfaltigkeit der Eigenschaften derselben in uns hervorgerufen werden.

So lange die Philosophen sich begnügten, die vier Elemente des Empedokles, von welchen auch Aristoteles spricht, zu erörtern, schufen sie Systeme und suchten die Welt für ihre Hypothesen zu gewinnen. Sie konnten sogar, wie Lucretius, ihre Anschauungen in einwandfreier Form darlegen, ohne dass dadurch ein Fortschritt erzielt worden wäre. Einige, darunter Demokritos, haben sogar schon auf manche Grundsätze hingewiesen, nach welchen die Umsetzung der Materie erfolgt, doch war es nicht möglich gewesen, dieselben irgendwie anzuwenden.

Erst nach einer langen Reihe von Versuchen, die zunächst industrieller und praktischer und erst später wissenschaftlicher Natur waren, konnten die so zahlreichen in den drei Reichen der

Natur aufgefundenen Stoffe in einer rohen Einteilung zusammengefasst werden. So spricht Paracelsus im 16. Jahrhundert von fünf Elementen: Dem Geist oder dem Quecksilber, dem Phlegma oder dem Wasser, dem Salz, dem Schwefel oder dem Oel und der Erde:[1]) Später nennt Beccher drei Arten von Erde: Die verglasbare, brennbare und bewegliche Erde.

Es herrschte also grosse Verwirrung, und es bestanden unzählige Schwierigkeiten, als die Chemiker anfingen die „Erden", „Säuren", „Vitriole" und „Geister" in Familien einzuteilen.

Etwas später veröffentlichte Stahl, Professor an der Universität in Halle seine wichtige Phlogiston-Theorie. Beccher hatte behauptet, dass in den brennbaren Stoffen und Metallen die verglasbare, brennbare und bewegliche Erde enthalten seien, und zwar entstünde die brennbare Erde bei ihrer Verbrennung. Stahl nannte diese brennbare Erde Phlogiston und konnte auf diese Weise die Verbrennungs- und Reduktions-Erscheinungen in eine Theorie zusammenfasssen; ein grosser Fortschritt für Forschung und Unterricht.

Man darf hier nicht vergessen, dass die Gelehrten jener Zeit es manchmal ganz gut verstanden, einen bestimmten Körper in seinen verschiedenen Umsetzungen zu verfolgen und ihn hierauf mit seinen ursprünglichen Eigenschaften wiederzufinden. Die Ideen von Van Helmont über die Verbindung und über die Gase wurden in dieser Richtung von zahlreichen Forschern benutzt.

---

[1]) Hier sei auf die diesbezügliche Anschauung von Descartes hingewiesen: „Ich schliesse mich dem Urteil Eurer Excellenz über die Chemiker vollständig an und glaube, dass sie Worte, die nicht allgemein gebräuchlich sind, nur gebrauchen, um glauben zu machen, dass sie wissen, was sie nicht wissen. Nach meiner Meinung besteht zwischen ihrem Salz, ihrem Schwefel und ihrem Quecksilber kein grösserer Unterschied, als zwischen den vier Elementen der Philosophen, oder zwischen Eis und Wasser, oder Schaum und Schnee, denn ich glaube, dass alle Körper aus derselben Substanz bestehen, und dass nichts eine Verschiedenheit zwischen ihnen bewirken könne, ausser dass die kleinen Teilchen dieser Substanz ein anderes Aussehen haben oder anders gruppiert sind als die anderen. *(Briefe* von Descartes, 1. Ausgabe, Band I.)

In einzelnen besonderen Fällen hatte die Anwendung der Wage eine eingehendere Untersuchung ermöglicht; wie aus den Arbeiten von Jean Rey und Robert Boyle hervorgeht. Die Hypothese von der Umwandlung der Körper hat indes während langer Zeit die Anschauungen von der Annahme einer kleinen Zahl von Elementen abgelenkt.

Gegen die Mitte des 18. Jahrhunderts wurde die Theorie der vier Elemente überall gelehrt, nachdem die grosse Mehrzahl der Chemiker es aufgegeben hatte, den „Stein der Weisen“ entdecken zu wollen. Baumé bestätigt dies klar und deutlich in seiner im Jahre 1775 erschienenen *„Chimie expérimentale et raisonnée“:*

„Wenn ich überlege“, sagt er, „welche Eigenschaften ein Körper haben muss, um den Namen eines Elementes oder Grundstoffes der Substanzen zu verdienen, so komme ich in Uebereinstimmung mit den hervorragendsten Chemikern und Physikern zu dem Schlusse, Feuer, Luft, Wasser und Erde als einzige und wahre Grundstoffe zu bezeichnen, weil man keine Veränderung dieser Substanzen bewirken kann. Diese Elemente waren als solche schon von den ältesten Philosophen erkannt worden und werden auch heutzutage von den modernen Chemikern anerkannt. Die Chemiker des Mittelalters betrachteten als Grundstoffe die Substanzen, die bei der Analyse der Körper abgeschieden wurden, und zwar wurden fünf Arten angenommen; was sie aber Grundstoffe nannten, verdiente diesen Namen nicht, da man durch weitere Operationen die angeblichen Grundstoffe allmählich auf einen verschiedenen Grad von Einfachheit zurückführen kann. Stahl scheint zuerst Feuer, Luft, Wasser und Erde als Grundstoffe oder Elemente der natürlichen Körper anerkannt zu haben.“ *(Chimie expérimentale et raisonnée* von Baumé t. I. p. 18, 1775). Weiter unten: „Das Feuer ist ein Element, welches sich nicht definieren lässt; man kann nur seine Eigenschaften erkennen.“ *(Ibid.* t. I. p. 48). Endlich p. 90: „Die elementare Erde lässt sich ebenso schwer bestimmen wie Feuer, Luft und Wasser.“

Dieselben Anschauungen finden sich in den Arbeiten jener Zeit, sowohl in der *Chimie* von Bergmann als auch in dem *Dictionnaire de Chimie* von Macquer.[1])

Es musste erst die wissenschaftliche Umwälzung und die durch die Theorien Lavoisier's bewirkte Revolution in der Chemie kommen, um den Begriff des Elementes deutlich hervortreten zu lassen.

Hören wir, was der grosse Forscher diesbezüglich sagt:

„Alles, was sich über die Zahl und Art der Elemente sagen lässt, beschränkt sich meiner Ansicht nach auf Diskussionen rein metaphysischer Natur; man wagt sich an die Lösung unbestimmter Probleme, die eine Unzahl von Lösungen möglich erscheinen lassen, von welchen aller Wahrscheinlichkeit nach keine einzige besonders mit der Wirklichkeit übereinstimmt. Ich begnüge mich also, zu sagen, dass wir die Elemente, wenn wir als solche die einfachen und nicht weiter zerlegbaren Moleküle bezeichnen, aus denen die Stoffe zusammengesetzt sind, nicht kennen, dass aber, wenn wir den Begriff eines Elementes oder Grundstoffes mit dem letzten Grade verbinden, zu welchem die Analyse führt, alle

---

[1]) *Elemente.* Als Elemente bezeichnet man in der Chemie Körper, welche so einfach sind, dass alle Mittel der Kunst nicht ausreichen, um sie zu zerlegen, nicht einmal um irgend eine Veränderung hervorzurufen, und welche andererseits als Grundstoffe oder Bestandteile in den Verbindungen der Körper vorkommen, welch letztere man daher zusammengesetzte Stoffe nennt.

Die Körper, die als so einfach erkannt wurden, sind: Feuer, Luft, Wasser und die reinste Erde; denn die vollständigsten und genauesten Analysen, die bis jetzt ausgeführt werden konnten, haben stets an letzter Stelle nur die eine oder andere dieser vier Substanzen, oder alle vier zusammen, je nach der Beschaffenheit der zerlegten Körper ergeben.

Es ist sehr leicht möglich, dass diese Stoffe, obwohl sie als einfache gelten, nicht nur nicht einfach, sondern sogar sehr kompliziert sind, dass sie durch Vereinigung mehrerer anderer einfacherer Stoffe entstehen, oder einer in den andern übergeführt werden können, wie Buffon glaubt. Da aber die Erfahrung hierüber absolut Nichts lehrt, so kann man ohne Nachteil, ja man muss in der Chemie, Feuer, Luft, Wasser und Erde als Elemente bezeichnen, weil sie bei allen Vorgängen dieser Wissenschaft sich entsprechend verhalten. — Macquer, *Dictionnaire de Chimie I* p. 376. 1778 (2. Auflage).

Substanzen, die mit Hülfe der uns bekannten Mittel noch nicht zerlegt werden konnten, für uns als Elemente gelten; nicht, weil wir bestimmt sagen können, dass diese Körper, die wir als einfache betrachten, nicht etwa selbst aus zwei oder mehreren Grundstoffen bestehen; sondern da diese Grundstoffe niemals zerfallen oder vielmehr, da wir keine Mittel haben, um sie zu zerlegen, verhalten sie sich uns gegenüber als Elemente, und wir dürfen sie erst dann als Verbindungen auffassen, wenn uns Experiment und Beobachtung den Beweis dafür erbracht haben werden."

Man darf indes nicht vergessen, dass die Kenntnisse der Gelehrten auf dem Gebiete der Wärmelehre und Optik zur Zeit Lavoisiers sehr beschränkte waren. Lavoisier bekämpfte zwar Stahl's wichtige Phlogistonhypothese, erkannte aber zugleich besser als irgend ein Anderer den Wert neuer Forschungen auf diesem Gebiete. Die Fortschritte der Physik sollten aber bald alle Unklarheit in der Auffassung der Wärme beheben.

Die Einteilung in einfache und susammengesetzte Körper wurde allgemein anerkannt. Die hervorragenden Arbeiten von Scheele und Priestley, und die leidenschaftlichen Kontroversen, welche die neue Verbrennungstheorie hervorgerufen hatte, mussten übrigens die Gedanken in logischer Weise zu dieser Einteilung führen.

So sagt Cadet in seinem 1803 erschienenen *Dictionnaire de Chimie;* „wenn man Elemente, unzerlegbare oder vielmehr unzerlegte (denn der Chemiker soll der Zukunft nicht vorgreifen,) Körper nennt, ist eine grosse Zahl vorhanden."

Der einschränkende Zusatz Cadet's war nur zu gerechtfertigt, denn schon wenige Jahre nachher sollte Humphry Davy in einer Reihe denkwürdiger Arbeiten im Jahre 1807 die Elemente der Alkalien und alkalischen Erden isolieren.

Während Lavoisier seine Verbrennungstheorie aufstellte und die Chemie in wirklich wissenschaftliche Bahnen lenkte, vervollständigte gleichzeitig Wenzel in Fortsetzung der Arbeiten von Rouélle die Kenntnisse über die Salze und die doppelten Umsetzungen. Später erkannte Richter die Gewichtsverhältnisse dieser salzartigen Verbindungen. Proust brachte Klarheit in die Oxyde und binären Verbindungen, und der grosse Gelehrte Dalton stellte das Gesetz der multiplen Proportionen auf. Endlich normierte Gay-Lussac die so einfachen Gesetze für die Verbindungen der Gase, und nun stand einem gewaltigen, unerwarteten Aufschwung der chemischen Wissenschaft nichts mehr im Wege.

Die chemische Analyse erreichte dank den Arbeiten von Robert Boyle, Marggraf, Bergmann, Klaproth einen hohen Grad von Genauigkeit, so dass Berzelius in zahlreichen Arbeiten von grundlegender Bedeutung die Atomgewichte der verschiedenen Elemente bestimmen konnte; eine solide Basis für eine experimentelle Wissenschaft.

Während diese hervorragenden Forschungen auf dem Gebiete der anorganischen Chemie ausgeführt wurden, ging man an das schwierige Studium der organischen Chemie von verschiedenen Seiten heran. Länger als ein Jahrhundert hindurch versuchten die Gelehrten zunächst, die direkten Grundstoffe zu isolieren, welche sich so zahlreich in den Pflanzen und Tieren vorfanden, deren Reindarstellung aber häufig Schwierigkeiten bot. Wie es bei dem allgemeinen Fortschritt der Wissenschaft der Fall zu sein pflegt, wurden zunächst die analytischen Methoden studiert und vervollkommnet. Nach dieser ersten Periode, die für die Analyse der direkten Grundstoffe unerlässlich war, begannen die Forscher zahlreiche Derivate des Kohlenstoffes darzustellen. Zunächst rief die Tatsache, dass die organische Chemie für eine ungeheure Zahl von Verbindungen nur einiger weniger Elemente bedarf, lebhaftes Erstaunen hervor, und man neigte in Folge dessen der Ansicht zu, dass auch die biologische Chemie für ihren Ausbau nur die vier Elemente: Kohlenstoff, Wasserstoff, Stickstoff und Sauerstoff benötige, eine, wie weiter unten ersichtlich, falsche Annahme, an deren Diskussion man aber jetzt erst herantritt.

Zu jener Zeit teilte sich die Chemie in zwei Teile: anorganische und organische Chemie.

In Wirklichkeit giebt es nur eine Chemie, ebenso wie es nur eine Energie giebt. Die kompliziertesten Reaktionen der Chemie des Kohlenstoffs können auch in der anorganischen Chemie vorkommen, da indes die organische Chemie die Erforschung der Verbindungen in sich schliesst, welchen wir in den Pflanzen und lebenden Wesen begegnen, besitzt sie in Folge unserer Unkenntnis der meisten Lebenserscheinungen ein besonderes Gepräge, und eine Wissenschaft, welche andauernd nur eine beschränkte Zahl von Elementen verwendet, ist notwendigerweise verschieden von einer solchen, welche die Lehre von circa sechzig Elementen umfasst. Auch die Polymerisation des Kohlenstoffs unterscheidet endlich diese beiden Teile ein und derselben Wissenschaft, und ausserdem ist vom Standpunkte des Forschers aus die Frage der Analyse von grosser Wichtigkeit für die anorganische Chemie, während sie mit wenigen Ausnahmen für die organische Chemie nur geringes Interesse hat.

In der Praxis sind also diese beiden grossen Kapitel ein und derselben Wissenschaft getrennt und nach verschiedenen Methoden der Forschung zu behandeln. Meiner Ansicht nach werden in der Zukunft diese Unterschiede mehr und mehr verwischt werden.

Die Arbeiten von Curtius über die Stickstoffwasserstoffsäure und meine Untersuchungen über die Metallcarbide oder die Alkalihydrüre beweisen, dass die beiden Zweige der Chemie beständig in einander übergreifen: anfangs allerdings war der Unterschied ein einschneidender.

Solange die Chemie des Kohlenstoffs noch wenig erforscht war, arbeiteten die Gelehrten rasch, wie Ansiedler, die sich nicht die Zeit nehmen, die Bäume zu fällen und lieber ganze Wälder niederbrennen.

Bald indes brachte man in alle diese Unternehmungen Ordnung, man begann die Körper in Reihen einzuteilen und suchte nach einer Theorie, um die erkannten Erscheinungen zu erklären und die unzählbaren Verbindungen, die aus den Laboratorien hervorgingen, zu ordnen. Endlich, als dieser erste Teil der chemischen Wissenschaft eine feste Grundlage hatte, gelang es gründlicheren und mit den vorangehenden Entdeckungen gewappneten Forschern, die Synthese der meisten dieser unzählbaren Verbindungen auszuführen. Diese Epoche ist noch nicht so fernliegend, als dass man sich nicht mehr der Aufregung erinnern könnte, die durch die grossen Entdeckungen eines Berthelot hervorgerufen wurde, und der Bewunderung, mit welchen die grundlegenden Synthesen von Graebe und Liebermann, von Baeyer und von Emil Fischer begrüsst wurden.

Wie schon weiter oben bemerkt, waren die Chemiker lange Zeit hindurch der Ansicht, dass die biologische Chemie zur Bildung der mannigfachen, von der lebenden Zelle erzeugten Verbindungen nur vier Elemente verwende: Kohlenstoff, Wasserstoff, Stickstoff und Sauerstoff. Heute wissen wir, dass bei den komplizierten Prozessen des Lebens andere Elemente gerade so unentbehrlich sind, als die oben angeführten. Schwefel ist ein integrierender Bestandteil der Eiweissstoffe; Phosphor und Eisen finden sich in den meisten Thieren und Pflanzen. Ja, aus den Untersuchungen von Frederick und von Henze folgt sogar, dass Kupfer in dem Haemocyanin des Blutes der Pulpen und Crustaceen enthalten ist, und es ist auch bekannt, dass Jod und Brom beständig in der Schilddrüse vorkommen und für das Leben unentbehrlich sind.

In aller jüngster Zeit stellte Armand Gautier auf Grund von merkwürdigen und stark diskutierten Untersuchungen fest, dass Arsen ein normaler Bestandteil der Horngewebe und der Schilddrüse ist. Diese merkwürdige Tatsache wird auch von Bertrand bestätigt, der bewies, dass Arsen regelmässig in den 2000—3000 Meter unter dem Meeresspiegel gefangenen Seetieren vorkommt. Ebenso hat G. Bertrand die Aufmerksamkeit auf die Ursache gewisser Oxydationsvorgänge gelenkt, die in Pflanzen durch Spuren Mangan, welche in Form von löslichen Fermenten wirken, hervorgerufen werden, zum Beispiel in den Oxydasen.

Unsere Anschauungen auf diesem Gebiete sind im Stadium einer einschneidenden Umgestaltung begriffen.

Schon jetzt gewinnenunsere verschiedenen Elemente, Metalle und Metalloide, neue Bedeutung; wenn sie in sehr geringen Mengen in den Pflanzen und Lebewesen verbreitet sind, kann begreiflicherweise ihre physiologische Bedeutung eine sehr grosse sein.

Die Gerechtigkeit gebietet daran zu erinnern, dass auf diese bedeutenden Probleme in den wichtigen Arbeiten von Raulin über die Kultur von *aspergillus niger* deutlich hingewiesen wurde.

Während dieser langen Reihe von Forschungen, die nahezu hundertfünfzig Jahre in Anspruch genommen und gewaltige Anstrengungen gekostet hatten, wurde die chemische Analyse mehr und mehr vervollkommnet. In der ersten Hälfte des vorigen Jahrhunderts betrachteten es die grössten Gelehrten als Ehrensache, die heikelsten Probleme der anorganischen und organischen Analyse zu lösen. Plötzlich erhielt jedoch dieser Zweig der Wissenschaft von der Physik eine Methode, die gestattete, ausserordentliche Resultate zu erzielen.

Während Humphry Davy seine berühmten Untersuchungen über die Zerlegung der Oxyde mit Hülfe des elektrischen Stromes ausführte, bereitete sich langsam eine andere Entdeckung vor, welche für die Erforschung der Elemente eine hervorragende Bedeutung haben sollte.

Im Jahre 1802 beobachtete Wollaston die Diskontinuität des Sonnenspektrums,[1]) In den Jahren 1814 und 1815 untersuchte Frauenhoffer die hellen Linien gewisser Spektra und die dunkeln Linien im Spektrum der Sonne und Gestirne.[2]) Endlich stellte Kirchhoff in zwei grossen Arbeiten, die 1860 und 1862[3]) erschienen, die vollständige Uebereinstimmung der glänzenden Linien der Spektra mit den schwarzen Linien der Sonne und der Fixsterne fest. Unmittelbar gewinnt nun diese Frage eine unerwartete Ausdehnung: Kirchhoff und Bunsen beschreiben ihre Methode der Spektralanalyse[4]). Sie erfassten die Tragweite ihrer Entdeckung und legten sie in folgenden Worten nieder:

---

[1]) Wollaston. Bibliothèque britannique; Sciences and arts 26; p. 239: Proceedings of the Royal Society of London 1802.

[2]) Frauenhoffer. Berichte der Akademie der Wissenschaften in München 1814 und 1815.

[3]) G. Kirchhoff. Berichte der Akademie der Wissenschaften Berlin 1860 und 1862.

[4]) Kirchhoff und Bunsen. Poggendorffs Annalen 110 und 113.

„Die Spektralanalyse eröffnet den Forschungen der Chemie ein bisher unbetretenes Gebiet, dessen Grenzen sich sogar über unseren Planeten hinaus erstrecken. Da diese neue Analysenmethode nur die Beobachtung eines glühenden Gases erfordert, ist leicht zu begreifen, dass sie für die Atmosphäre der Sonne und der Fixsterne angewendet werden kann."

Diese neue Methode bewies ihre Fruchtbarkeit in den Händen der beiden grossen Forscher sofort durch die Entdeckung des Rubidiums und Caesiums. Hierauf erkannte Sir William Crookes das Thallium, welches später von Lamy isolirt wurde; Reich und Richter entdeckten das Indium; Lecoq de Boisbaudran das Gallium und das Samarium. Auch die so schwierige Erforschung der seltenen Erden konnte unter günstigeren Bedingungen fortgesetzt werden.[1])

Die Entdeckung der Spektralanalyse ermöglichte also die Untersuchung, ob die Mehrzahl der Elemente, die sich auf der Erdoberfläche vorfinden, auch auf der Sonne und den Gestirnen vorhanden sind.

In der Tat wies Kirchhoff in der Sonnenatmosphäre die Gegenwart von Natrium, Calcium, Baryum, Magnesium, Eisen, Chrom, Kupfer, und Zink nach. Später entdeckten Angström und Thalen in der Sonne Wasserstoff, Mangan und Aluminium, Sir Norman Lockyer Cadmium, Strontium, Cer, Blei und Kalium. W. Huggins untersuchte hierauf das Spektrum der Gestirne und Nebelflecken; endlich fand P. Secchi, dass im Spektrum der Kometen die Linien der Kohlenwasserstoffe enthalten sind.

---

[1]) Bei diesem flüchtigen historischen Ueberblick über die Spektralanalyse müssen noch citiert werden: Brewster. Trans. Phil. Edinburg 9. 1822; Fox Talbot. I. de Brewster 5. 1886; und Ph. Mag. 4. 112. 1834; Wheatstone. British Society, 1835; Alter. 1835; Angström. Pogg. Ann. 94. 1835; Forbes. C. R. 2. 1836; W. A. Miller. Ph. Mag. 27. 1845; Masson. An. Ph. Ch. Foucault 1849; Plücker. Pogg. An. 104, 105 und 107, 1857; Forbes und Matthiessen C. R. 64. 1867; Brewster und Gladstone Trans. Philos. 1860; Janssen, C. R. 54 und 56, 1862.

Rowland veröffentlichte im Verlaufe seiner an der Universität von Baltimore ausgeführten Untersuchungen über die Zusammensetzung der Sonne, wie sie aus ihrem Spektrum folgt, sehr wichtige Resultate. In den leuchtenden und ultravioletten Strahlen stellte er 20000 Linien fest, von welchen ungefähr ein Drittel, darunter übrigens die stärksten Linien, gewisse Uebereinstimmungen mit den Erdlinien zeigte. Rowland folgerte hieraus, dass die Erde, auf Sonnentemperatur erhitzt, ein annähernd gleiches Spektrum liefern würde. Unter den in der Sonne entdeckten Elementen erkannte Rowland drei Metalloide, Sauerstoff, Kohlenstoff und Silicium, und 36 Metalle; er bemerkt aber ausdrücklich, dass dieses Spektrum nicht die durchschnittliche Zusammensetzung der Sonne, sondern nur diejenige ihrer Atmosphäre vorstellt.

Ueberall finden sich dieselben Elemente, welche die Chemie aus der Erdrinde zu isolieren gewusst hat. Die Spektralanalyse unterstützt also die Hypothese von der allmählichen Kondensation der Weltmaterie, sie bestätigt die Theorie von Laplace über die Bildung unseres Planetensystems. Es folgt hieraus, wie richtig es ist, dass sich alle Wissenschaften gegenseitig unterstützen, und dass jede Entdeckung im gegebenen Momente eine wichtige Schlussfolgerung gestatten kann auf einem Gebiete, welches zunächst ganz ferne zu liegen schien.

Bei der Spektralanalyse müssen auch die verschiedenen Versuche erwähnt werden, welche in der Folgezeit gemacht wurden, um eine gewisse Zahl von Elementen nach ihren Spektren einzuteilen.

Schon im Jahre 1863 hatte Mascart gezeigt, dass gewisse Gruppen von Linien sich in dem Spektrum desselben Metalls mehrere Male wiederholen. Das Natrium, welches eine gelbe Doppellinie zeigt, enthält in seinem gesammten Spektrum 12 analoge Doppellinien. Magnesium liefert eine Reihe von dreifachen Linien. Alle dem Natrium analogen Metalle zeigen nun ebenfalls Doppellinien, und die dem Magnesium verwandten Metalle dreifache Linien. In seinem 1874 erschienen *Traité sur les spectres lumineux* lenkte Lecoq de Boisbaudran die Aufmerksamkeit der Physiker auf gewisse Gruppirungen von Linien und wies darauf hin, dass die Spektra der Elemente sich mit zunehmenden Atomgewichten gegen Roth zu verschieben. Seither wurde diese Frage von zahlreichen Forschern studiert: es genügt an die schönen Arbeiten von Rydberg, von Kayser und von Runge und endlich an die wichtige Entdeckung von Zeemann zu erinnern.

Die vorerwähnten Resultate beziehen sich auf die Linienspektra; es wurden aber auch die Streifenspektra untersucht, welche im Allgemeinen einer schwächeren elektrischen Erregung entsprechen und eine ziemlich verschiedene Struktur zeigen. Es ist heutzutage bekannt, das manche dieser Spektra zugleich sehr kompliziert und ausserordentlich regelmässig sind. Die Streifen sind zumeist Anhäufungen von sehr feinen Linien. Deslandres wies nach, dass in dem Spektrum des Stickstoffes die Streifen durch Wiederholung von Liniengruppen und zwar von Zwillings- und Drillingslinien gebildet sind, und dass die Intervalle der aufeinanderfolgenden Linien in jeder Reihe in arithmetischer Progression wachsen. Diese Versuche erforderten mehr und mehr eine mächtige Apparatur, und die Spektroskopie, welche anfangs sehr einfach zu sein schien, wird unaufhörlich komplizierter und erfordert immer zahlreichere und eingehendere Messungen.

Die wichtige Tatsache, dass dieselben Elemente in den Planeten und auf der Erdoberfläche vorkommen, wurde auch auf andere Weise festgestellt.

Im Jahre 1794 bewies Chladni einwandfrei den ausserirdischen Ursprung der Meteoriten. Seit jener Zeit wurden zahlreiche Analysen an Proben verschiedener Grösse, darunter einigen sehr gewaltigen Stücken ausgeführt und bewiesen, dass diese Bruchstücke von zertrümmerten Himmelskörpern aus denselben Elementen bestanden wie die Erde, und uns keine neuen Grundstoffe lieferten.

Die ersten Analysen, welche hauptsächlich von Howard, Vauquelin, Klaproth, Laugier und Berzelius ausgeführt wurden, dienten zunächst dazu, festzustellen, dass die am häufigsten in den Meteoriten vorkommenden Elemente Sauerstoff, Schwefel, Silicium, Magnesium, Aluminium, Eisen und Nickel waren. In der Folgezeit erkannte man auf Grund der Arbeiten von Gustav Rose,

Rammelsberg, Daubrée, Lawrence Smith, Tschermak, Brezina, Maskelyne, Flight, Cohen, und Stanislas Meunier, dass sie bedeutend mehr Mineralien, welche Bestandteile der Erdrinde sind enthalten: Peridot, Pyroxen, Eustatit, Orthit, Oligoklas, Anorthit, Labrador, Pyrrhotin, Ferrochrom u. s. w. Die Untersuchungen von Daubrée, von Fouqué und Michel Lévy und von Stanislas Meunier führten endlich zur Synthese einiger Minerale und Gesteine der Meteoriten.

Ausserdem finden wir die verschiedenen allotropischen Varietäten eines Elements, wie des Kohlenstoffs auch in den Meteoriten, und zwar wurde Kohlenstoff in Meteoriten in Form von amorpher Kohle, Graphit und Diamant nachgewiesen. In dem Eisen von Cañon Diablo findet sich letztere Varietät sogar in Form von schwarzem Pulver und kleinen durchsichtigen Fragmenten.

Ungefär 40 von unseren Elementen wurden in den Meteoriten wiederentdeckt, ein Beweis für die Einfachheit der chemischen Zusammensetzung unseres Planetensystems.

Bei Betrachtung der Elemente, welchen wir auf der Erdoberfläche teils in freiem, teils in gebundenem Zustande begegnen, ergiebt sich sehr bald, dass ihre Zahl eine sehr begrenzte ist. In der Atmosphäre finden wir Sauerstoff, Stickstoff, Argon, Wasser und Kohlensäure; im Meerwasser die Chloride, Bromide und Jodide von Natrium, Kalium, Magnesium und Calcium; in der Erdrinde Kieselsäure, sowie Silicate und Carbonate der Leichtmetalle. In der Tat sind es immer wieder die Oxyde von Calcium, Aluminium, Magnesium, Kalium und Natrium, welche den Hauptbestandteil aller Gesteine bilden. Als während der ersten geologischen Perioden die Erde sich noch in flüssigem oder teigigem Zustande befand, waren begreiflicherweise alle Metalle von hoher Dichte in ihrem Innern vereint. Sobald unser Planet sich abzukühlen begann, bildete sich die Oberflächenschicht aus den spezifisch leichtesten Substanzen; infolge der Abkühlung aber entstanden in der festen Kruste Risse, welche durch das Vordringen der geschmolzenen Massen und später durch Ablagerungen, welche die warmen Quellen aus den tieferen Schichten mit sich brachten, ausgefüllt wurden, sodass man in diesen Adern Metalle von höherem spezifischen Gewicht, wie Kupfer, Nickel und Blei findet.

Man braucht hier nicht an die seit langem an den Gemengen der Eruptivgesteine unterommenen Untersuchungen zu erinnern, und es seien nur beiläufig erwähnt, die Ideen von Elie de Beaumont[1]) über vulkanische nnd metallhaltige Ausflüsse, von Daubrée[2]) über die Meteoriten und die Weltrinde, die Versuche von Fouqué und Michel Lévy[3]) über Synthese der Mineralien und Gesteine, die Arbeiten von Rosenbusch[4]), diejenigen von Brögger[5]). die Abhandlung von Iddings[6]) und endlich die Theorie der ursprünglichen Gemenge von Michel Lévy[7]). Dieser Gelehrte nimmt die Existenz von zwei Gemengen an, das erste enthält Silicium, Aluminium und Alkali, das zweite Eisen und Magnesia. Letzteres soll die Basis aller unserer Gesteine sein und den geschmolzenen Schaum des ungeheuren Klumpens von unreinem Eisen vorstellen, als welchen man sich die innere Masse des Erdballes zu denken hat.

Aus jener ersten geologischen Periode, während welcher die Erde noch eine sehr hohe Temperatur besass, stammt jedenfalls die Diffusion gewisser Elemente, wie des Bors, welches in Form

---

[1]) Elie de Beaumont. Emanations volcaniques et mètallifères. B. Soc. Géol de France (2) 4 p 1249; 1847.

[2]) Daubrée. Études synthétiques de géologie expérimentale et Annales des mines 13. 1—65; 1868.

[3]) Fouqué et Michel Lévy. Synthése des minéraux et des roches. Paris Masson 1882.

[4]) Rosenbusch. Ueber die chemischen Beziehungen der Eruptivgesteine. Techn. Mitt. 143; 1889.

[5]) Brögger. Die Mineralien der Syenitpegmatitgänge der Südnorwegischen Augit und Nephelinsyenite. Z. für K. n. Min. Leipzig 1890 vol. XVI.

[6]) Iddings. The origin of igneous Rocks. Philos. Soc. of Washington B. vol. XII. 89 — 214 1892.

[7]) Michel Lévy. Classification des magmas des roches eruptives. B. Soc. géolog. de France (3) 25. p. 326: 1897.; Contribution a l'étude des magmas chimiques dans les principales séries voleaniques françaises. Bulletin de la carte géologique de France 14. 1903.

seines Chlorides sich leicht verflüchtigen und mit den in Bildung begriffenen Gesteinen vermengen konnte. Durch die hierauf folgende Einwirkung von Wasserdampf wurden in den meisten Fällen diese Spuren von Chloriden in sauerstoffhaltige Verbindungen übergeführt.

Auch die chemische Analyse der Produkte von vulkanischen Eruptionen musste zu der Erkenntnis führen, dass die Schichten, welche sich in geringer Tiefe befinden dieselben Elemente enthalten, wie die Oberflächenschicht. Da aber die dort vorkommenden Körper sich nicht in einer Atmosphäre von Sauerstoff oder Wasserdampf befinden, unterliegen sie keinen Oxydationsprozessen mehr.

Gelegentlich des Ausbruches des Hekla im Jahre 1844 wies Bunsen in den Gasen und der Lava dieses Vulkans folgende Elemente nach: Wasserstoff, Fluor, Chlor, Jod, Sauerstoff, Schwefel, Stickstoff, Phosphor, Kohlenstoff, Silicium, Kalium, Natrium, Calcium, Magnesium, Aluminium, Mangan, Eisen, Kobalt, Kupfer und Blei. Fouqué fand dieselben Elemente bei den Ausbrüchen der Santorininsel. Hier sei bei dieser Gelegenheit auch auf die interessanten Untersuchungen von Palmieri über den Vesuv hingewiesen.

Charles Deville und Leblanc haben in den Lagonis von Toscana Sauerstoff, Stickstoff, Schwefel, Kohlenwasserstoffe, Kohlensäure, Schwefelwasserstoff, Borsäure, Alaun und Calciumsulfat nachgewiesen.

Auch ich habe ganz kürzlich Argon und Kohlenwasserstoffe in den Gasen des Mont Pelée auf Martinique gelegentlieh der fürchterlichen Eruption von 1902 entdeckt. Aus all diesem folgt, dass diese unzerlegbaren Körper, diese Elemente mit ihren chemischen Eigenschaften und ihrem charakteristischen Spektrum überall auftreten.

Henri Sainte-Claire Deville hat in seinen hervorragenden Arbeiten über die Dissociation festgestellt, dass bei einer methodischen Untersuchung der Einwirkung der Wärme auf die zusammengesetzten Körper immer die Elemente mit ihren Eigenschaften erscheinen. Auch bei höheren Temperaturen, wie sie mit Hilfe des elektrischen Ofens erreicht werden konnten, werden diese Elemente immer sich selbst gleichbleibend gefunden, und ich bin bei meinen zahlreichen Versuchen niemals auf eine Erscheinung gestossen, welche die Möglichkeit einer Umwandlung hätte vermuten lassen.

Die Chemiker haben also diesen einfachen Körpern den Namen „Elemente“ gegeben, weil es ihnen bisher nicht gelungen ist, dieselben weiter zu zerlegen. Sie wissen aber nichts über ihre Natur und über die Art ihrer Entstehung, obwohl viele Versuche angestellt wurden, ob man nicht die einen dieser Elemente in die anderen überführen könnte.

Davy's grosse Entdeckung, die Zerlegung der Alkalien mit Hilfe des elektrischen Stromes, hatte vermuten lassen, dass auch andere bis dahin als Elemente betrachtete Körper ebenso zerlegt werden könnten. Es sei hier auch darauf hingewiesen, dass wenige Jahre später Gay-Lussac nachwies, dass das Cyan, eine Verbindung von Kohlenstoff und Stickstoff, die Rolle eines Elementes spielen konnte, ferner, dass kurze Zeit nachher Berzelius und Pontin das Ammoniumamalgam darstellten und dass Ampère und Davy gleichzeitig das hypothetische Radikal, das Ammonium den Alkalimetallen an die Seite stellten.

Die logische Folgerung aus diesen merkwürdigen und wichtigen Untersuchungen führte zur Anschauung von der Einheit der Materie, und wie die organische Chemie eine ungeheure Zahl von Verbindungen von einigen wenigen Elemente ableitete, so sollten auch die Elemente durch eine Reihe von logischen Polymerisationen von einer Ursubstanz abstammen.

Wie so oft bei dem Fortschritt der Wissenschaften eilte auch hier die Hypothese der empirischen Forschung weit voraus. Man fiel in die Theorien der griechischen Philosophen zurück. Der Geist des Menschen neigt eben immer leicht zu grossen Verallgemeinerungen.

Als im Jahre 1815 Dr. William Prout in London behauptete, dass die Atomgewichte durch ganze Zahlen, bezogen auf Wasserstoff als Einheit, dargestellt werden könnten, erkannten einige Chemiker die Möglichkeit dieser Hypothese an. Diese Anschauung blieb in der Wissenschaft fortbestehen, trotzdem die Untersuchungen von Berzelius über die Bestimmung der Atomgewichte einer grossen Zahl von Elementen ihr direkt widersprechen.

Dumas nahm in Fortsetzung seiner hervorragenden Arbeiten über die Zusammensetzung des Wassers gemeinsam mit Stas die Erforschung des Atomgewichtes des Kohlenstoffs wieder auf. Diese Bestimmung war von grösster Wichtigkeit; sowohl mit Rücksicht auf die organische, als auch auf die allgemeine Chemie. Nachdem diese beiden Forscher eine einfache Beziehung zwischen dem Atomgewicht des Sauersoffs und dem des Kohlenstoffs festgestellt hatten, dehnten sie ihre Untersuchungen auf andere Elemente aus, und die Hypothese von Prout war nahe daran, eines der chemischen Grundgesetze zu werden.

Auch Stas gab die Wahrscheinlichkeit dieser Hypothese damals zu, er wiederholte jedoch die Bestimmung einiger Atomgewichte in neuen Untersuchungen, welche stets in unserer Wissenschaft als Muster von Genauigkeit gelten werden, und stellte unwiderlegbar fest, dass die Atomgewichte keine Vielfachen der Einheit sind. Aus seinen Versuchen geht hervor, dass bei Annahme des Wasserstoffs als Einheit und von 15,96 für das Atomgewicht des Sauerstoffs, man folgende Atomgewichte erhält:

Silber	107,660
Stickstoff	14,009
Chlor	35,368
Schwefel	15,995
Kalium	39,040
Natrium	22,980
Blei	103,187

Vergleicht man diese Zahlen, so ergiebt sich, dass die Atomgewichte der Elemente weder Vielfache der Einheit noch der Hälfte oder des vierten Teiles der Einheit sind.

Demnach musste die Hypothese von Prout fallen gelassen werden, und man konnte die Frage als erledigt betrachten.

Die Schlussfolgerung von Stas wurde zwar von Marignac angegriffen, welcher sogar daran dachte, die Gültigkeit des Gesetzes der bestimmten Proportionen anzuzweifeln. Stas antwortete aber mit neuen Untersuchungen und zeigte in einer Reihe von Abhandlungen betitelt: „*Untersuchungen über die chemischen Verhältnisse, die Atomgewichte und ihre Beziehungen*", dass keine direkte Beziehungen zwischen den Elementen und der Einheit bestehen.

Die Diskussion war indess noch nicht beendet. I. D. van der Plaats in Holland und Fr. W. Clarke in den Vereinigten Staaten bestritten die Berechnungen von Stas, ohne an seiner philosophischen Schlussfolgerung etwas zu ändern.

Vor einigen Jahren nahm Hinrichs die Verteidigung der Prout'schen Hypothese wieder auf und lenkte die Aufmerksamkeit der Chemiker neuerdings auf dieses Gebiet durch eine Arbeit unter dem Titel: „*Die wirklichen Atomgewichte der Elemente und die Einheit der Materie*". Ohne die Genauigkeit der Versuche des grossen belgischen Forschers in Zweifel zu ziehen, diskutirt er die Ausrechnung der Resultate und erhebt Einspruch gegen die Methode der Duchschnitte. Er ist auch vom experimentellen Standpunkte aus der Ansicht, dass die Trennung einer geschmolzenen Verbindung von einem gasförmigen Produkte nicht vollständig sei, wie Stas und die Chemiker seiner Zeit annahmen, und führt als Beispiel die Zerlegung des Kupfernitrats zur Herstellung von reinem Kupferoxyd oder das geschmolzene Silbernitrat an, ohne indes einen experimentellen Beweis für die Möglichkeit dieser Fehlerquellen zu erbringen.

Es sei hier hervorgehoben, dass einige Atomgewichtbestimmungen, welche nach Stas von Marignac und verschiedenen Forschern, welche durchaus vertrauenswürdig sind, ausgeführt wurden, ebensowenig ein einfaches Verhältnis zwischen diesen Atomgewichten und der Einheit erkennen liessen.

Diese grosse Frage wird übrigens nicht früher gelöst werden, ehe das Gesetz, welches die Elemente untereinander verbindet, bekannt sein wird. Und es ist ein Beweis für die Lebenskraft unserer Wissenschaft, dass diese Frage immer von neuem auflebt, sobald sie sich auf neue Versuche stützen ka nn.

Die Wissenschaft muss immer bereit sein, ihre Grundsätze diskutieren zu lassen und ihre Entdeckungen aufrecht zu erhalten.

Sir Norman Lockyer nahm die Behandlung des grossen Problems der Einheit der Materie in anderer Weise in Angriff. Er beobachtete zunächst, dass das Spektrum eines Gestirns umso einfacher ist, je höher seine Temperatur zu sein scheint. Die besonders glänzenden und daher besonders heissen Gestirne liefern nur die Wasserstofflinie in reichlichem Maasse und andere sehr feine Linien von Metallen, welche auf das Vorhandensein einer geringen Menge von Metalldämpfen schliessen lassen. In einem Himmelskörper von geringerer Temperatur dagegen, wie in unserer Sonne, finden sich neben Wasserstoff und Magnesium Calcium, Baryum, Natrium, Eisen und Zink, jedoch keine für Metalloide charakteristischen Linien.

Andererseits nimmt Sir Norman Lockyer an, dass in den verschiedenen Gestirnen die Metalle in der Reihenfolge der abnehmenden Atomgewichte vorkommen.

Aus diesen Tatsachen, welche übrigens verschiedenartig ausgelegt werden können, glaubte Sir Norman Lockyer folgende Schlüsse ziehen zu können: „Ich habe mich gefragt, ob die Zusammenstellung dieser Tatsachen nicht die Hypothese rechtfertigen könnte, dass in den Absorptionsschichten der Sonne und der Sterne mehrere ausserirdische Dissociationserscheinungen vor sich gehen und so verhindern würden, dass die Atome, welche bei der Temperatur der Erde und bei allen bisher künstlich erreichbar gewesenen Temperaturen die Metalle, Metalloide und bekannten Verbindungen bilden, sich aneinander anlagern können. Nach dieser Hypothese wären die Körper, welche wir Elemente nennen, und welche in den Absorptionsschichten von Gestirnen mit sehr hoher Temperatur nicht vorkommen, in der Atmosphäre in Bildung begriffen und würden zerstört werden, in dem Maasse, als sie infolge der Dichte ihres Dampfes hinabsinken.

Bezüglich dieser Theorie einer allmähligen Zersetzung aller Körper unter Einwirkung steigender Temperatur, hob Berthelot hervor, dass die Elemente eine bestimmte charakteristische Eigenschaft besitzen, welche Verbindungen nicht zukommt.[1])

„Die einfachen Gase, wie Wasserstoff, Sauerstoff, Stickstoff absorbieren bei gleichem Volumen und gleichem Druck ungefähr die gleiche Wärmemenge für eine Temperaturerhöhung von einem Grad, was einer gleichen Zunahme der lebendigen Kraft zu entsprechen scheint. Bei gleichem Volumen sind übrigens ihre absoluten Gewichte ihrem Atomgewicht proportional, welch letztere durch die Gewichtsverhältnisse der Verbindungen gegeben sind. Hieraus folgt eine Beziehung zwischen den Atomgewichten und den specifischen Wärmen der Elemente: Das Gesetz von Dulong und Petit."

Weiter unten sagt Berthelot:

„Es folgt hieraus, dass es kein Element geben kann, dessen chemisches Atom durch die Vereinigung einer bestimmten Zahl gleicher Atome eines andern Elementes gebildet wird nach Muster der gegenwärtig bekannten zusammengesetzten Körper; es giebt kein polymeres Element, welches dieselbe chemische Rolle spielt, wie das unkondensirte Element, von welchem es abstammt, nämlich im Sinne der polymeren Verbindungen der organischen Chemie, deren Atomgewicht die Summe der Atomgewichte ihrer Elemente ist. Zur Illustration dieser Ideen diene ein Beispiel:

Man kann eine Reihe von Elementen vergleichen, deren Atomgewichte ungefähr Vielfache von einander sind z. B:

Wasserstoff (Atomgewicht)	1
Sauerstoff . . . . ungefähr	16
Stickstoff	14,

um sich auf die Gase zu beschränken, deren specifische Wärme bekannt ist. Würde also Sauerstoff durch Vereinigung von 16 Atomen Wasserstoff entstehen, in der Weise, wie die Vereinigung

[1]) Berthelot. Sur la nature des elements chimiques. C. R. 70. p. 1352; 1873.

von einem Volum Stickstoff und einem Volum Sauerstoff Stickdioxyd ergiebt, so müsste er ein ungefähr 16 mal so grosses Volumen haben, sonst würde die specifische Wärme des Sauerstoffs, wie sie Regnault bestimmt hat, den Gesetzen für die specifischen Wärmen der zusammgesetzten Körper nicht entsprechen. Ebenso müsste der Stickstoff ein 14 mal so grosses Volumen einnehmen. Man ersieht hieraus, dass die Gesetze der experimentell ermittelten specifischen Wärmen der Gase einen einschneidenden Unterschied zwischen unsereren gegenwärtigen Elementen und ihren bekannten oder mutmasslichen Verbindungen aufstellen lassen; dieser Unterschied ist von der Temperatur unabhängig."

Berthelot schliesst seine diesbezüglichen Bemerkungen mit folgenden Zeilen: „Diese Gegnerschaft beweist keineswegs — ich möchte kein Missverständnis über meine diesbezügliche Meinung aufkommen lassen -- die theoretische Unmöglichkeit einer Zerlegung unserer gegenwärtigen Elemente, sie umschreibt aber die Grenzen des Problems genauer und führt zu der Annahme, dass die Zerlegung unserer Elemente, wenn sie wirklich erreicht werden könnte, von ganz anderen Erscheinungen begleitet sein müsste, als diejenigen, welche bei der Zersetzung unserer zusammengesetzten Körper auftreten."

Berthelot ist übrigens mehrmals auf dieses Problem der Einheit der Materie zurückgekommen[1]); seine diesbezüglichen Anschauungen hat er in seiner wichtigen Arbeit über *„die Grundlagen der Alchimie"* niedergelegt[2]).

Er sagt dort folgendes: „Möglicherweise sind die Gleichgewichtszustände der Ursubstanz nicht entstanden durch Verbindung identischer Elemente sondern ungleich kondensierter Elemente. Es ist also, mit einem Wort, nicht notwendig, dass alle diese Molekulargebilde ganze Vielfache einer kleinen Zahl von elementaren Gewichtseinheiten darstellen. Man kann ebensogut annehmen, dass diese Gebilde in gegenseitiger Beziehung auf ein Ent-

[1]) C. R. 77 1352, 1399; 1873.

[2]) Berthelot, Les origines de l'Alchimie Paris, Steinheil 288.

stehungsverhältnis anderer Art hinweisen, wie z. B. die zwischen geometrischen Symbolen der verschiedenen Unbekannten einer Gleichung, oder allgemeiner zwischen den vielfachen Werten einer und derselben durch die mathematische Analyse bestimmten Funktion bestehenden Beziehungen. Die Ursubstanz würde also die Entstehungsfunktion darstellen, und die Elemente wären die bestimmten Werte davon."

„Nach dieser Hypothese, welche verständlicher ist, als die gewöhnlichen Hypothesen über die Konstitution der Materie, könnte ein als einfach geltender Körper zerstört, aber nicht zerlegt werden in der gewöhnlichen Bedeutung dieses Wortes. Der einfache Körper würde im Moment seiner Zerstörung sich plötzlich in einen oder mehrere andere einfache Körper verwandeln, welche mit den gegenwärtigen Elementen identisch oder ihnen analog wären. Die Atomgewichte der neuen Elemente aber könnten keine messbare Beziehung zu dem Atomgewicht des ursprünglichen Körpers, durch dessen Metamorphose sie entstanden sind, zeigen. Ausserdem könnte man, wenn man unter verschiedenen Bedingungen experimentiert, bald zu dem einen, bald zu dem anderen System von Elementen, entstanden durch die Umwandlung desselben Elementes gelangen; bei all den Umwandlungen würde nur das absolute Gewicht konstant bleiben."

In Wirklichkeit wissen wir nichts über die Natur der Elemente. Dieses Problem ist innig mit dem der Materie selbst verbunden, über welches man lange diskutieren kann, ohne einen Schritt vorwärts zu tun.

Für uns besteht jedes Element aus einer bestimmten Menge Materie mit specifischen Eigenschaften.

Wir müssen annehmen, dass unsere Elemente von den astronomischen Vorgängen herstammen, welchen unsere Sonne und ihre Planeten ihre Entstehung verdanken. Auf der Erdoberfläche findet sich nur eine beschränkte Zahl dieser Elemente. Sie entsprechen den geologischen Bedingungen der Entstehung der Erde. Es ist absolut nicht gesagt, dass das Innere unseres

Planeten und dasjenige der Sonne nicht noch unbekannte Elemente enthalten, welche bei bis heute unbekannten Temperatur- und Druckverhältnissen entstanden sind.

Es sei hier daran erinnert, dass die Spektralanalyse der Sonne eine sehr grosse Zahl von Linien liefert, von welchen gar viele mit den Elementen, mit welchen wir auf der Erdoberfläche zu tun haben, nicht identifiziert werden konnten. Dagegen hat uns die spektroskopische Untersuchung der Gestirne gezeigt, dass sich die meisten unserer Elemente in jenen entlegenen Welten ebenfalls vorfinden. Das Problem ist umfangreicher, jedoch nicht einfacher geworden.

Man muss berücksichtigen, dass unsere zahlreichen Experimente immer bei verhältnismässig begrenzten Druck- und Temperaturverhältnissen ausgeführt werden.

Wenn man auch heute dank dem elektrischen Ofen sehr hohe Temperaturen zu erzielen in der Lage ist, so kann man dieselben weder messen, noch unter verschiedenartigen Bedingungen in Anwendung bringen, da es an einem geeigneten Material mangelt. Graphit, welcher der feuerbeständigste Körper ist, über welchen wir verfügen, befindet sich im elektrischen Ofen in gasförmigem Zustande, ohne dass wir ihn in dieser Form handhaben oder auffangen können.

Andererseits spielt der Druck eine wichtige und noch ungenügend erforschte Rolle bei der Verbindung im allgemeinen und besonders bei der Polymerisation. Auch über den Druck haben wir keine Macht. Sobald ein Druck von 10000 Atmosphären erreicht wird, ist die Elastizitätsgrenze des Stahls überschritten. Das Metall zerfällt in Staub. Wir haben keinen widerstandsfähigen Körper, der es gestatten würde, unsere Experimente noch weiter auszudehnen.

Übrigens stossen die Versuche noch ziemlich weit unterhalb dieser oberen Grenze, welche ausserordentlich hoch zu sein scheint, auf bedeutende Schwierigkeiten.

Was ist aber ein solcher Druck im Vergleich zu demjenigen, welcher bei geologischen und astronomischen Erscheinungen in Frage kommen kann.

Auch elektrische Erscheinungen wirken jedenfalls bei diesen Verbindungen oder Polymerisationen mit. Auch hier lässt uns ein Vergleich zwischen den im Laboratorium zur Verfügung stehenden und den bei den Naturerscheinungen auftretenden Kräften erkennen, dass unsere Versuche noch in ihrem Anfangstadium sind.

Es sei auch darauf hingewiesen, dass die Empfindungen unserer Sinnesorgane sehr beschränkte sind; unser Auge erfasst von der Ausstrahlung der Sonne nur die leuchtenden Strahlen, d. h. nur eine Oktave von den neun Oktaven zwischen Infra-Roth und Ultra-Violet. Wie viel Arten von Strahlen sind uns bisher verborgen geblieben! Die Entdeckung der Röntgenstrahlen, die Forschungen von Becquerel über das Uran, die der beiden Curie's über die radioaktiven Körper und alle die neuesten Arbeiten auf diesen unerforschten Gebieten sind ein Beweis dafür, dass noch viele Untersuchungen auszuführen sind, und noch viele Experimente angestellt werden müssen.

Während die Spektralanalyse ihr Gebiet erweitert, und dem Astronomen ebenso vertraut wird, wie dem Chemiker, unternehmen andere Gelehrte die Erforschung der Materie, indem sie versuchen, dieselbe entweder in Lösungen oder in gasförmiger Form ins Unendliche zu zerteilen.

Seit einigen Jahren wird die Untersuchung der Lösungszustände der Körper mit grossem Eifer betrieben, und es fehlt nicht an diesbezüglichen Experimenten. Es ist wohl kaum notwendig, an die grundlegende Theorie von Arrhenius über die Dissociation der Elektrolyte, welche sich auf die hervorragenden Versuche von Van't Hoff stützt, besonders zu erinnern. Auch die Arbeiten von Raoult erstrecken sich auf dieses Gebiet.

Endlich führen auch die neuen Untersuchungen über die

Leitfähigkeit der gasförmigen Jonen, über die Kathodenstrahlen und über die Becquerelstrahlen zu Versuchen, aus welchen hervorzugehen scheint, dass es Teilchen oder Elektronen giebt, deren Masse 2000 mal kleiner ist, als das Wasserstoffatom, und dass diese Elektrone negative elektrische Ladungen besitzen, so wie die elektrischen Jonen.

Die Messung des Wertes $\frac{e}{m}$ konnte ausgeführt werden; das Problem erhielt eine ganz besondere Wichtigkeit durch die interessante Beobachtung von Zeemann. Kurz, es scheint, dass die Physiker gegenwärtig eine viel grössere Teilbarkeit der Materie erreichen, als sie bisher von den Chemikern zugegeben wurde.

Aus allen diesen Forschungen wird vielleicht für uns eine wissenschaftliche Auffassung der Materie resultieren, welche gestatten wird, die Zahl unserer Elemente zu verringern, indem man in methodischer Weise ein Element in das andere überführen können wird.

Werden wir es immer mit denselben Elementen zu tun haben, eventuell noch vermehrt durch neue Entdeckungen, ohne jemals die einen in die andern verwandeln zu können, oder werden wir endlich dazu gelangen, die Umwandlung der einen Elemente in die anderen durchzuführen, eine Entdeckung, welche in der Chemie eine geradeso wichtige Rolle spielen würde, wie die Lehre von der Verbrennung, welche dem scharfen Geiste eines Lavoisier entsprungen war?

Ob diese verschiedenen Elemente von einer Ursubstanz oder von der Verbindung zweier Substanzen herstammen, ist heute noch von geringer Wichtigkeit. Der springende Punkt wäre, die Elemente einer natürlichen Familie umwandeln zu können, wie wir es jetzt mit den allotropischen Modifikationen eines und desselben Elementes durchführen.

Grosse Probleme sind noch zu lösen, und die anorganische Chemie, welche man erschöpft glaubte, ist erst im Aufgehen begriffen. Die Forschungen werden eifrigst fortgesetzt; die Wissenschaft wird uns noch schöne Entdeckungen bringen.

In Folgendem sei ein Ueberblick gegeben über die hauptsächlichen Versuche, welche zur Einteilung der Elemente im vorigen Jahrhundert gemacht wurden.

Einteilung von Thénard. — Dieser Gelehrte vereinigte alle Metalloide in einer einzigen Gruppe und teilte die Metalle in sechs Sektionen ein. Diese Einteilung findet sich in der ersten Auflage seines Handbuches der Chemie, welches im Jahre 1813 erschien. Thénard war durchdrungen von der Bedeutung der Arbeiten Lavoisiers und hatte daher den Oxydationserscheinungen bei weitem die grösste Wichtigkeit beigelegt. Infolgedessen hatte er die Metalle eingeteilt, je nachdem sie sich mehr oder weniger leicht mit Sauerstoff vereinigen.

Bei der Bewertung dieser chemischen Eigenschatt hatte er berücksichtigt:

1. die mehr oder weniger leichte Oxydation der Metalle in Gegenwart von Luft,
2. die Beständigkeit der Oxyde,
3. die Einwirkung der Metalle auf Wasser.

In jeder Klasse waren die Metalle nach dem Grade ihrer Verwandschaft zum Sauerstoff geordnet.

Wie Thénard schon hervorgehoben hatte, modifizierte sich diese Einteilung mit der Zeit allmählig infolge neuer Entdeckungen und eingehenderer Untersuchungen jedes einzelnen Elementes.

Im Jahre 1853 in der Chemie von Victor Regnault präsentirt sich diese Einteilung in folgender Form:

1. **Klasse.** — Diese Metalle zersetzen das Wasser bei gewöhnlicher Temperatur, oxydieren sich leicht und die Oxyde sind in der Wärme unbeständig:

Kalium	Lithium	Strontium
Natrium	Baryum	Calcium

2. **Klasse.** — Metalle, welche das Wasser bei ungefähr 100^0 zersetzen, sich bei hoher Temperatur oxydieren nnd deren Oxyde in der Wärme nicht zerfallen:

Magnesium. Aluminium. Mangan. Seltene Metalle.

3. **Klasse.** — Metalle, welche das Wasser in rotglühendem Zustande oder auch in der Kälte bei Gegenwart von Säuren zersetzen und sich nur schwer oxydieren. Ihre Oxyde sind in der Hitze beständig, werden aber leicht durch Wasserstoff, Kohlenoxyd und Kohle reduziert:

Eisen	Kobalt	Vanadium	Cadmium
Nickel	Chrom	Zink	Uran

4. **Klasse.** — Diese Metalle zersetzen in rotglühendem Zustande Wasser nur langsam, sind aber ohne Einwirkung auf dasselbe bei Gegenwart von Säuren; sie zersetzen Wasser bei Anwesenheit von Alkalien und können mit Sauerstoff Säuren liefern:

Wolfram	Osmium	Titan	Antimon
Molybdaen	Tantal	Zinn	Niob

5. **Klasse.** — Wasser wird nur bei sehr hoher Temperatur in geringer Menge zerlegt. Die Metalle sind oxydierbar; die Oxyde werden in der Wärme nicht reduziert:

Kupfer. Blei. Wismuth.

6. **Klasse.** — Unoxydierbare Metalle, die das Wasser bei keiner noch so hohen Temperatur zerlegen, und deren Oxyde unterhalb von Rotglühhitze nicht reduzierbar sind.

Quecksilber	Rhodium	Palladium	Ruthenium
Silber	Indium	Platin	Gold

Im Allgemeinen umfasste diese Einteilung, welche auf den Umwandlungen beruht, denen die Metalle in Gegenwart von Sauerstoff, Luft und Wasser unterliegen, einige wichtige Gruppen, während eine gewisse Zahl von metallischen Elementen, deren Eigenschaften noch unvollständig erforscht waren, übergangen wurde. Heutzutage könnte man natürlich eine scharfe Kritik daran üben; diese erste Einteilung, welche es gestattete, die Metalle nach einer wichtigen Eigenschaft mit Rücksicht auf ihre gebräuchlichen Anwendungen zu ordnen, hat aber grosse Dienste geleistet. Sie war einfach und genügte zu einer Zeit, wo die Kenntnis der Metalle noch sehr unvollständig war.

Einteilung von Berzelius. — Als Grundlage für diese Einteilung diente die elektrochemische Theorie von Davy. Berzelius erkannte die Wichtigkeit der elektrischen Erscheinungen, welche bei der Verbindung oder Zersetzung auftreten und teilte die Elemente in zwei grosse Klassen ein, elektropositive und elektronegative Körper.

Die erste Gruppe umfasst die Elemente, welche mit Sauerstoff eine elektropositive Verbindung liefern, die zweite Gruppe diejenigen, welche bei gleichen Bedingungen keine elektropositive Verbindung geben.

In dieser Einteilung sind also die Elemente so geordnet, dass der am stärksten elektronegative Körper die Reihe beginnt, während das Ende von dem am stärksten elektropositiven Körper gebildet wird. Die dazwischen liegenden Elemente sind elektronegativ gegenüber dem folgenden und elektropositiv gegenüber dem vorangehenden Elemente.

Der Wasserstoff trennt die elektropositiven von den elektronegativen Körpern, man kann ihn ebenso der einen, wie der anderen Gruppe beizählen.

Folgendes ist die Einteilung von Berzelius:

— Sauerstoff	Wasserstoff
Schwefel	Gold
Selen	Osmium
Stickstoff	Iridium
Fluor	Platin
Chlor	Rhodium
Brom	Palladium
Jod	Quecksilber
Phosphor	Silber
Arsen	Kupfer
Chrom	Wismuth
Vanadium	Zinn
Molybdaen	Blei
Wolfram	Cadmium
Bor	Kobalt
Kohlenstoff	Nickel
Antimon	Eisen
Tellur	Zink
Tantal	Mangan
Titan	Uran
Silicium	Cer
Thorium	Magnesium
Zirkon	Calcium
Aluminium	Strontium
Lanthan	Baryum
Didym	Lithium
Yttrium	Natrium
Beryllium	+ Kalium

Einteilung von Dumas. — Im Vorübergehen sei an die Einteilung der Elemente von Ampère im Jahre 1816 erinnert, eine natürliche Klassifikation, welche der methodischen und eingehenden Untersuchung eines jeden Elementes weit vorauseilte.

Im Jahre 1828 veröffentlichte Dumas in seinem *Traité de Chimie*[1]) eine neue Einteilung der Elemente, welcher es beschieden war, ihren Autor zu überleben, und von den verschiedenen Schulen der Chemie acceptiert zu werden.

Diese Einteilung, wie sie von Dumas besonders nach seiner wichtigen Arbeit über die *Aequivalente der Elemente*[2]) gegeben wurde, ist folgende:

1. Wasserstoff
2. Fluor, Chlor, Brom, Jod
3. Sauerstoff, Schwefel, Selen, Tellur
4. Stickstoff, Phosphor, Arsen
5. Kohlenstoff, Bor, Silicium.

Dumas betrachtet den Wasserstoff als Metall und hat ihn daher von den Metalloiden getrennt. Seit Dewar flüssigen Wasserstoff in beständigem Zustande erhalten hat, weiss man, dass dieser durchsichtige Körper, welcher bei —252,5^0 siedet, die Elektrizität nicht leitet und Aussehen und physikalische Eigenschaften besitzt, welche denen des verflüssigten Stickstoffs oder Sauerstoffs vergleich barsind. Ausserdem zeigte Dewar, dass die Alkalihydrüre, vollständig bestimmte Körper, welche aus Wasserstoff und Metall bestehen, Elektrizität und Wärme nicht leiten. Diese durchsichtigen, krystallisierten Verbindungen sind demnach nicht analog mit Legierungen, und der Wasserstoff nähert sich in diesem Falle mehr einem Metalloid, als einem Metalle.

Die zweite Familie der Einteilung von Dumas zeigt eine grosse Homogenität. Fluor, Chlor, Brom und Jod sind einwertig und

---

[1]) J. B. Dumas. Traité de Chimie appliqué aux arts.
In dieser Arbeit giebt Dumas folgende Einteilung:
1. Art: Wasserstoff
2. Art: Fluor, Chlor, Brom, Jod
3. Art: Selen, Schwefel, (Sauerstoff)
4. Art: Phosphor, Arsen, (Stickstoff)
5. Art: Bor, Silicium (Kohlenstoff)

[2]) J. B. Dumas. Memoires sur les équivalents des corps simples. An. Ch. Ph. (3) 55 p. 129; 1859.

liefern bei ihrer Verbindung mit Wasserstoff vier Säuren von gleicher Zusammensetzung, deren Eigenschaften vergleichbar sind. Fluor ist zwar mit Sauerstoff noch keine Verbindung eingegangen. Die drei andern Metalloide dieser Gruppe geben aber sauerstoffhaltige Verbindungen, von denen mehrere gleiche Formeln und identische Eigenschaften haben. Bei den Salzen dieser verschiedenen Säuren sind Fälle von Isomorphismus sehr häufig. Als das Fluor im Jahre 1886 isoliert wurde, musste man es, infolge seiner energischen Reaktionsfähigkeit an die Spitze der Familie stellen, da es einige Eigenschaften besitzt, welche auch eine Annäherung an den Sauerstoff bedeuten.

Die Atomgewichte dieser Elemente bewegen sich vom ersten zum letzten in steigender Richtung. Fluor 19; Chlor 35.5; Brom 80; Jod 127.

Dumas bemerkte, dass diese Zahlen untereinander nach folgender Formel in Beziehung zu stehen scheinen.

Bezeichnet man Fluor mit a, die Differenz zwischen Fluor und Chlor mit d, und mit d' eine komplementäre Differenz, welche notwendig ist, um vom Chlor zum Brom zu gelangen, so findet man für Fluor Chlor, Brom und Jod:

$$
\begin{array}{l}
a \\
a + d \\
a + 2d + d' \\
a + 2d + 2d' + d''
\end{array}
$$

oder in Zahlen

19	Fluor
19 + 16,5 = 35,5	Chlor
19 + 33 + 28 = 80	Brom
19 + 33 + 56 + 19 = 127	Jod

Die Metalloide der dritten Gruppe: Sauerstoff, Schwefel, Selen und Tellur sind zweiwertig, und verbinden sich alle mit Wasserstoff in gleichem Verhältnis zu schwachen Säuren. Ihre physikalischen und chemischen Eigenschaften folgen in abnehmender ziemlich regelmässiger Richtung aufeinander. Schwefel, Selen und Tellur verbrennen in Sauersfoff und liefern Anhydride, welche Säuren von gleicher Zusammensetzung ergeben, deren Salze isomorph sind. Ihre Atomgewichte 16, 32, 79, 128 bewegen sich in aufsteigender Richtung. Auch bei dieser Gruppe steht, wie bei der vorhergehenden das an der Spitze befindliche Element infolge seiner Eigenschaften etwas abseits von den anderen Elementen.

Stickstoff, Phosphor, Arsen und Antimon bilden die vierte Gruppe der Metalloide nach Dumas. Sie sind dreiwertig und verbinden sich mit Wasserstoff zu gasförmigen Körpern mit ähnlichen Eigenschaften, deren Volumzusammensetzung dagegen nicht analog ist, infolge von Schwierigkeiten, welche sich der genauen Dampfdichtebestimmung von Phosphor und Arsen entgegenstellen.

Die sauerstoffhaltigen Verbindungen dieser vier Metalloide weisen zahlreiche Aehnlichkeiten auf. Auch hier bestehen gewisse Unterschiede zwischen dem ersten Element der Gruppe und den drei anderen. Ersteres bildet nur eine sehr beschränkte Zahl von direkten Verbindungen. Die Atomgewichte dieser Elemente sind 14, 31, 75, 120. Sie stimmen auf die Formel:

$$\begin{array}{l} a \\ a + d \\ a + d + d' \\ a + d + 2d' \end{array}$$

oder in Zahlen

14	Stickstoff
14 + 17 = 31	Phosphor
14 + 17 + 44 = 75	Arsen
14 + 17 + 88 = 119	Antimon

In der fünften Gruppe vereinigte Dumas Kohlenstoff, Bor und Silicium und hob hervor, dass der Kohlenstoff dem Silicium und Bor durch seine Unschmelzbarkeit, seine Feuerbeständigkeit und seine Unlöslichkeit in allen bekannten Lösungsmitteln verwandt sei, dass aber das Bor sich vom Silicium durch seine Verbindungen mit Fluor und Chlor unterscheide. In der Tat ist die Formel des Fluorsiliciums Si F_4, während diejenige des Fluorbors B F_3 ist. Später wurde diere Gruppe in zwei Teile geteilt. Die erste umfasste Kohlenstoff und Silicium, vierwertige Metalloide, wie Lothar Meyer im Jahre 1853 zeigte; die zweite enthielt das Bor als dreiwertiges Metalloid.

Diese Einteilung der Metalloide von Dumas beruht also auf den Eigenschaften der Verbindungen, welche sie mit Wasserstoff liefərn, auf den Volumverhältnissen der zwei in Verbindung tretenden Elemente und auf ihren Kondensationserscheinungen.

Bezüglich seiner Formel zur Feststellung der Beziehnngen der verschiedenen Atomgewichte derselben Gruppe schreibt Dumas:

„Bringt man die Aequivalente der Radikale einer und derselben Gruppe sowohl in der anorganischen. als auch in der organischen Chemie in eine Reihe, so bestimmt der erste Wert die chemischen Eigenschaften aller in der Reihe enthaltenen Körper.

Das Ammonium findet sich mit allen seinen wichtigen Eigenschaften in seinen Verbindungen wieder vor. Die Zusammensetzung und die Eigenschaften des Methyls treten in allen Radikalen der Alkohole und Aether wieder auf.

Der Typus des Fluors erscheint wieder im Chlor, Brom und Jod; derjenige des Sauerstoffs im Schwefel, Selen und Tellur, derjenige des Stickstoffs im Phosphor, Arsen und Antimon, derjenige des Titans im Zinn; der des Molybdaens im Wolfram u. s. w.

Wenn man also mit a den Anfangspunkt der Reihe und mit d ihre Differenz bezeichnet, so kann man sagen, dass in jedem Aequivalent $a + nd, a$ den chemischen Grundcharakter bedeutet und die Art bestimmt, während nd die Stellung in der Progression bedeutet und den speziellen Körper genau definiert".

Endlich gab er gelegentlich der Einteilung der Metalle, nachdem er einige ihrer Atomgewichte genau bestimmt hatte, folgende Regel:

„Die natürliche Einteilung der Metalle und überhaupt der Körper, die sich mit Wasserstoff nicht verbinden, muss sich auf die Eigenschaften ihrer Verbindungen mit Chlor stützen und soviel als möglich auf die Volumverhältnisse der zwei sich vereinigenden Elemente sowie auf die Art und Weise ihrer Kondensation".

Einteilung von Frémy. — Im Jahre 1865 gab Frémy in seinem *Traité de Chimie* folgende Einteilung der Elemente in natürliche Gruppen:

1.	Gruppe des Sauerstoffs:	Sauerstoff, Schwefel, Selen, Tellur.
2.	„ „ Chlors:	Chlor, Brom, Jod, Fluor.
3.	„ „ Stickstoffs:	Stickstoff, Phosphor, Arsen.
4.	„ „ Kohlenstoffs:	Kohlenstoff, Silicium, Bor.
5.	„	Wasserstoff.
6.	„ „ Kalium:	Kalium, Natrium, Lithium.
7.	„ „ Calciums:	Baryum, Strontium, Calcium.
8.	„	Magnesium.
9.	„ „ Aluminiums:	Aluminium. Beryllium, Zirkon.
10.	„ „ Thoriums;	Thorium, Yttrium, Erbium, Terbium, Cer, Lanthan, Didym.
11.	„ „ Eisens:	Eisen, Chrom, Mangan, Kobalt Nickel.
12.	„	Uran.
13.	„ „ Zinks:	Zink, Cadmium.
14.	„ „ Tantals:	Tantal, Niob, Ilmenium.
15.	„ „ Wolfram:	Wolfram, Molybdaen, Vanadium.
16.	„ „ Zinns:	Zinn, Titan, Antimon, Wismuth, Blei.
17.	„ „ Kupfers:	Kupfer, Quecksilber, Silber.
18.	„ „ Platins:	Platin, Iridium, Ruthenium, Rhodium, Gold, Palladium, Osmium.

Einteilung von Naquet.[1]— In einer seiner Abhandlungen über die Atomtheorie hatte Wurtz gesagt: „Die Atomität ist das Hauptmittel zur Einteilung sowohl der Elemente, als auch der Verbindungen;" Naquet ging über die Anschauung seines Meisters hinaus und betrachtete die Atomität als einziges Mittel zur Ein-

[1]) Traité de Chimie von Naquet. Paris, 1864.

teilung. Er gelangte so zu folgender Klassifikation, welche alle Metalle in 6 Gruppen enthält:

Erste Gruppe. — Einatomige Metalle.

Silber	Natrium	Rubidium
Lithium	Kalium	Caesium

Zweite Gruppe. — Zweiatomige Metalle.

Calcium	Lanthan	Thorium
Baryum	Didym	Zink
Strontium	Yttrium	Cadmium
Magnesium	Erbium	Kupfer
Cer	Terbium	Quecksilber

Dritte Gruppe. — Dreiatomige Metalle.

Gold	Vanadium

Vierte Gruppe. — Vieratomige Metalle.

Aluminium	Chrom	Platin
Beryllium	Kobalt	Palladium
Mangan	Nickel	
Eisen	Blei	

Fünfte Gruppe. — Fünfatomige Metalle.

Bisher ist kein solches Metall bekannt.

Sechste Gruppe. — Sechsatomige Metalle.

Molybdaen	Iridium	Ruthenium
Wolfram	Rhodium	

Diese Einteilung fordert zu mannigfachem Kritiken heraus. Zunächst ist die Atomität veränderlich und kann daher nicht allein eine Einteilungsbasis abgeben. Ausserdem sind die Eigenschaften einer gewissen Zahl von Metallen, ihre Verbindungen mit Wasserstoff, Fluor und Chlor noch weit davon entfernt, genau untersucht zu sein. Auch können die alkalischen Erdmetalle, Magnesium und Quecksilber schwerlich in ein und derselben Gruppe sein, ebensowenig Aluminium, Chrom, Blei und Platin.

Auf diesen Versuch hin gaben verschiedene Gelehrte Einteilungen, welche sich auf die Valenz basierten. Ich will dieselben hier aufführen, wenn ich auch darauf verzichten muss, Details dafür zu bringen.

Hierher gehören die Einteilungen von Schützenberger[1]), Armand Gautier[2]), Wilm und Hanriot[3]) und Istrati[4]).

Einteilung von Mendelejeff. — Nunmehr gelange ich zu der wichtigen Einteilung der Elemente von Dimitri Mendelejeff.

Infolge der obenerwähnten Arbeiten von Dumas hatten zahlreiche Forscher, darunter Gladstone, de Chancourtois, Newlands, Pettenkofer, Odling, Kremers auf mehrere Zahlenbeziehungen zwischen den Atomgewichten der Elementen der natürlichen Gruppen hingewiesen.

Ordnet man gewisse Elemente nach der Zunahme ihrer Atomgewichte, so bemerkt man eine periodische Wiederholung der Eigenschaften.

Auf diesem Wege gelangte Mendelejeff zu folgender Anschauung: Die Eigenschaften der Elemente, sowie auch die Formen und Eigenschaften der Verbindungen sind eine periodische Funktion der Grösse des Atomgewichtes[5]).

Im Jahre 1869 fasste Mendelejeff seine Anschauungen über diese Frage in folgenden Sätzen zusammen[6]).

1. Ordnet man die Elemente nach der Grösse ihrer Atomgewichte, so zeigen sie eine Periodizität ihrer Eigenschaften.
2. Die Elemente, welche ähnliche chemische Eigenschaften besitzen, zeigen entweder naheliegende (Pt, Ir, Os) oder gleichmässig wachsende (K, Rb, Cs) Atomgewichte.

---

[1]) Schützenberger. Traité de Chimie generale. Hachette 1880.

[2]) Armand Gautier. Cours de Chimie. Savy 1885:

[3]) Wilm und Hanriot. Traité de Chimie. Masson 1888.

[4]) Istrati. Cours elementaire de Chimie. G. Carré 1898.

[5]) Dimitri Mendelejeff. Principes de Chimie II p. 461.

[6]) — Ueber die Beziehungen zwischen Eigenschaften und den Atomgewichten der Elemente. Russ. chem. Ges. I p. 60 1869.

3. Die Einteilung der Elemente oder ihrer Gruppen nach den Grösse der Atomgewichte entspricht ihrer Wertigkeit.
4. Die am weitesten auf der Erde verbreiteten Elemente besitzen ein geringes Atomgewicht, und alle Elemente mit geringem Atomgewicht sind durch besonders charakteristische Eigenschaften ausgezeichnet und können als typische Elemente betrachtet werden.
5. Die Grösse des Atomgewichts bestimmt den Charakter des Elements.
6. Die Entdeckung mehrerer noch unbekannter Elemente, welche zum Beispiel dem Aluminium und Silicium nahestehen, und deren Atomgewicht zwischen 65 und 75 liegt, ist zu erwarten.
7. Der Wert des Atomgewichtes eines Elements kann manchmal korrigiert werden, wenn analoge bekannt sind; so ist das Atomgewicht des Tellurs nicht 128, sondern liegt zwischen 123 und 126.
8. Manche Analogien der Elemente können nach der Grösse ihrer Atomgewichte vorausgesetzt und entdeckt werdenr

Mendelejeff ordnete die Elemente nach den zunehmenden Atomgewichten in zwei Liniensysteme, ein horizontales und ein vertikales.

Die horizontalen Linien bedeuten die Reihen und umschliessen die Elemente, deren Atomgewichte einander naheliegen, und deren Eigenschaften sich allmählig modifizieren.

Die vertikalen Linien bilden die Gruppen und enthalten daher Elemente, deren Eigenschaften ähnliche sind, und welche wirkliche natürliche Familien bilden sollen.

Mendelejeff hat also eine Tabelle mit zwei Hauptrichtungen aufgestellt, welche alle Atomgewichte der Elemente umfasst. Da aber die Differenzen zwischen den nebeneinanderstehende. Elementen nicht konstant, ja in einzelnen Fällen sogar sehr gross sind, so musste man leere Stellen annehmen, deren Ausfüllung zukünftigen Entdeckungen vorbehalten bleibt.

Periodisches System der Elemente.

Periodische Reihen	Höhere Verbindungsformen							
	Typus — M^2O	Typus — M^2O^2	Typus — M^2O^3	Typus — M^2O^4 RH^4	Typus — M^2O^5 RH^3	Typus — M^2O^6 RH^2	Typus — M^2O^7 RH	Typus — M^2O^8 R^2H
	Gruppe I —	Gruppe II —	Gruppe III —	Gruppe IV —	Gruppe V —	Gruppe VI —	Gruppe VII —	Gruppe VIII —
I	1=H	„	„	„	„	„	„	„
II	Li= 7	Be= 9,4	B = 11	C = 12	N = 14	O = 16	F = 19	„
III	23=Na	24=Mg	27=Al	28=Si	31=P	32=S	35=Cl	„
IV	K= 39	Ca= 40	Sc= 44	Ti= 48	Va= 51	Cr= 52	Mn= 55	Fe= 56 Co= 59 Ni= 59 Cu= 63
V	63=Cu	65=Zn	68=Ga	72=Ge	75=As	78=Se	80=Br	„
VI	Rb= 85	Sr = 87	Yt= 88	Zr = 90	Nb= 94	Mo= 96	„	Ru=104 Rh=104 Pd=106 Ag=108
VII	108=Ag	112=Cd	113=In	118=Sn	122=Sb	125=Te	127=J	„
VIII	Cs=133	Ba=137	Di=138	Ce=140	„	„	„	„
IX	„	„	„	„	„	„	„	„
X	„	„	Er=178	La=180	Ta=182	W = 184	„	Os=195 Ir =197 Pt=198 Au=199
XI	199=Au	200=Hg	204=Tl	207=Pb	208=Bi	„	„	„
XII	„	„	„	Th=230	„	Ur=240	„	„

Tabelle von Rehren.

Die Tabelle auf Seite 40 zeigt diese Einteilung der Elemente in periodische Reihen.

Nach Mendelejeff „ist die Anordnung nach den acht Typen von Oxyden, wie sie in der Tabelle angegeben sind, getroffen. Die Elemente, welche höhere Oxyde, M_2O und Salze MX geben, bilden die erste Gruppe. Diejenigen, deren höhere Oxyde der Formel M_2O_2 oder MO entsprechen, bilden die zweite Gruppe u. s. f.

„Es giebt acht Arten von Oxyden, daher giebt es auch acht Gruppen. Zwei Gruppen bilden eine grosse Periode; in einer grossen Periode kommen dieselben Arten von Oxyden zweimal vor. So werden in der Periode, welche mit K beginnt, die Oxyde nach dem Typus MO von Ca und Zn gebildet, die des Typus MO_3 durch MO und Te u. s. w.

„Die Elemente aller Gruppen, deren Atomgewichte sich einander am meisten nähern, bilden die horizontalen Reihen von 1 bis 12. Die geraden und ungeraden Werte einer und derselben Gruppe zeigen dieselben Formen und dieselben Grenzen, unterscheiden sich aber durch ihre Eigenschaften." Daher bilden nach Mendelejeff zwei benachbarte Reihen, eine gerade und eine ungerade (z. B. die vierte und fünfte) eine Periode. „Infolgedessen liefern die Elemente der vierten, sechsten, zehnten und zwölften Reihe oder diejenigen der dritten, fünften, siebenten, neunten und elften Reihe Analoge wie die Halogene, die Alkalimetalle, etc.

„Die Elemente der beiden ersten Reihen besitzen die niedrigsten Atomgewichte und zeigen infolgedessen auch viele Eigenschaften, welche ihnen besonders eigentümlich sind, zugleich mit den allgemeinen Eigenschaften der Gruppen. So unterscheidet sich das Fluor in vielen Punkten von den anderen Halogenen, das Lithium von den Alkalimetallen u. s. w. Die Elemente mit dem geringsten Atomgewicht können typische Elemente genannt werden. Dies sind folgende:

H.
Li. Be. B. C. N. O. F.
Na. Mg.

Weiter unten fügt Mendelejeff hinzu: „Die Wasserstoffverbindungen, welche flüchtiger oder gasförmiger Natur sind und analoge Reaktionen aufweisen, wie HCl, H_2O, NH_3 und CH_4 werden ausschliesslich von den Elementen der ungeraden Reihen und der höheren Gruppen, welche Oxyde M_2O_2, MO_3, M_2O_5, und MO_2 liefern, gebildet."

E dlich hebt Mendelejeff auch hervor, dass „jedes Element im periodischen System eine Stellung einnimmt, welche durch die Gruppe (römische Ziffer) und durch die Reihe (arabische Ziffer) bestimmt wird, zu welchen es gehört, und welche die Grösse seines Atomgewichtes, die Analogien, Eigenschaften und die Form des höheren Oxydes, der Wasserstoffverbindung und der andern Verbindungen genau bezeichnet, mit einem Worte die hervorragendsten qualitativen und quantitativen Merkmale des Elements. Es bleibt noch eine ganze Menge von Details und speziellen Eigentümlichkeiten, deren Ursache vielleicht in den kleinen Differenzen, welche zwischen den Atomgewichten bestehen, gesucht werden kann.

„Enthält irgend eine Gruppe die Elemente, R_1, R_2, R_3, und steht eines dieser Elemente, z. B. R_2 in der Reihe zwischen den Elementen Q_2 und T_2, so können die Eigenschaften von R_2 nach denen von R, R_1, R_3, Q_2 und T_2 bestimmt werden.

„So wäre z. B. das Atomgewicht von

$$R_2 = (R_1 + R_3 + Q_2 + T_2) \cdot {}^1/_4$$

„Selen steht in der Gruppe des Schwefels = 32 und des Tellurs = 125. Vor ihm steht in der fünften Reihe As = 75 und nach ihm Br = 80. Infolgedessen ist das Atomgewicht des Selens:

$$Se = {}^1/_4\ (32 + 125 + 75 + 80) = 78$$

eine Zahl, die der Wirklichkeit sehr nahe liegt."

Diese Einteilung gab Anlass zu mannigfachen Diskussionen, Einzelne Forscher stellten sie zuerst als Hypothese und dann als definitives Gesetz auf. Andere wieder betrachteten sie nur als eine kunstvolle Tabelle der Analogien und Verschiedenheiten der Elemente.

Zunächst sei darauf hingewiesen, dass die Einteilung von Mendelejeff eine grosse Zahl noch unbekannter Elemente enthält. Im Augenblick der Veröffentlichung nahm er 63 bekannte und 24 unbekannte Elemente an. So fehlte in der Gruppe III ein Element, das Eka-Aluminium, dessen Atomgewicht 68 betragen musste. Lecoq de Boisbaudran füllte diese Lücke aus durch Entdeckung des Galliums, als dessen Atomgewicht er auf experimentellen Wege 69,8 ermittelte, also eine Differenz von 1,8 gegenüber der theoretischen Zahl.

Später fand Nilson ein neues Element, das Scandium mit dem Atomgewicht 46,5, welches an die Stelle des Eka-Bors trat, dessen Atomgewicht nach Mendelejeff 44 betragen sollte.

Endlich gelang es Winkler durch hervorragende analytische Untersuchungen das Germanium mit dem Atomgewichte 72,3 zu isolieren, und so die Lücke des Eka-Siliciums auszufüllen, dessen theoretisches Atomgewicht nahe bei 72 liegen musste.

Diese drei aufeinanderfolgenden Entdeckungen lenkten die Aufmerksamkeit der gelehrten Welt auf die Einteilung von Mendelejeff und riefen leidenschaftliche Erörterungen hervor.

Anlässlich des Uebereinstimmens der Atomgewichte der neuen Körper mit den Vorhersagungen von Mendelejeff sagte Berthelot folgendes:

„Es ist bekannt, dass zwischen den Atomgewichten, den Atomvolumen und den verschiedenen physikalischen und chemischen Eigenschaften der Körper gewisse allgemeine Beziehungen bestehen. Diese Beziehungen sind schon vor langer Zeit und vor jeder Einteilung der Elemente in parallele Reihen, festgestellt worden. Sie stehen auch damit in gar keinem Zusammenhang, denn sie resultieren aus dem absoluten Wert der Atomgewichte und nicht aus ihren periodischen Differenzen. Da indessen diese Beziehungen in unmittelbarem Zusammenhang mit den Atomgewichten stehen, so finden sich die zwischen diesen festgestellten Annäherungen in notwendiger Rückwirkung auch zwischen ihren Atomvolumen und zwischen allen andern von der chemischen Masse der Elemente abhängigen Eigenschaften vor. Daher umfasst die einmal festgestellte Tabelle der parallelen Reihen gleichzeitig auch die hauptsächlichen physikalischen Eigenschaften der Elemente. Dies wäre übrigens bei jeder beliebigen Einteilung derselben Elemente der Fall. Dieser Umstand erhöht die Bequemlichkeit der neuen Tabelle, wenn er auch keinen neuen Beweis für die Existenz des periodischen Systems erbringt; in dieser Richtung muss man sich vor jeder Illusion hüten."

Die Einteilung von Mendelejeff beruht auf der Grösse der Atomgewichte und auf der Wertigkeit der Elemente.

Die Einwände gegen diese Einteilung lassen sich leicht überblicken.

Zunächst werden die Chemiker nicht leicht zugeben, dass das Chrom und Molybdän sich in derselben Gruppe wie Sauerstoff, Schwefel und Selen befinden, und dass das Mangan zwischen Chlor und Brom steht.

Bezüglich der Atomgewichte wurde eingewendet:

1. Dass die Tabelle von Mendelejeff eine grosse Zahl von Lücken enthält und dass speciell die Reihe 9 vollständig aus unbekannten Körpern besteht.

2. Dass die Gruppe VIII bedeutend von den sieben vorhergehenden Gruppen abweicht, und dass dieser Unterbruch der Reihe, welcher zu einer Gruppe mit vier Elementen auf derselben Horizontalen führt, nur schwer zu erklären ist.

3. Dass nicht einzusehen ist, wie ein und dasselbe Metall in den Reihen 5, 7 und 11 die vorhergehende Reihe beschliessen und die folgende Reihe beginnen kann, wie dies bei Kupfer, Gold und Silber der Fall ist.

4. Dass in einer Tabelle mit doppelter Einteilung, in welcher die Differenz zwischen zwei Atomgewichten oft nahe bei 2 liegt, diese Differenz grösser sein kann, als die Fehlergrenze der experimentellen Bestimmungen.

5. Geht man auf die Details der durch die Untersuchung einiger Atomgewichte hervorgerufenen Diskussionen ein, so muss daran erinnert werden, dass auf Grund von zahlreichen Versuchen

das Cer ein Atomgewicht von 138 zu haben scheint, was nicht mit Gruppe IV übereinstimmt.

Ausserdem wurde das Didym von Auer in Neodym (Atomgewicht 141) und Praseodym (Atomgewicht 143,6) gespalten, ohne dass davon in der französisehen Ausgabe der *Grundlagen der Chemie* von Mendelejeff, welche im Jahre 1895 erschien, Erwähnung gethan wird.

Aehnlich steht es mit dem Tellur. Clarke hatte im Jahre 1882 für das Atomgewicht des Tellurs die Zahl 124,7 angegeben. Im Jahre 1883 fanden Meyer und Seubert den Wert 125. Brauner wiederholte diese Bestimmung im Jahre 1889 und fand nach langwierigen Untersuchungen den Wert 127,66. Im Jahre 1895 erhielt Staudenmaier 127,5. Endlich wiederholte Metzner die Atomgewichtsbestimmung an Tellur, welches als vollkommen rein angesehen werden kann und erhielt die Zahl 127.9.

Diese Zahl lässt das Tellur aus der Gruppe VI aus- und in die Gruppe VII eintreten, wo es vor das Jod zu stehen kommt, mit welchem es keine Analogie zeigt.

Auch mit Rücksicht auf die Valenz der Elemente der verschiedenen Gruppen dieses Systems wurden zahlreiche Einwände gemacht.

1. Wyrouboff[1]) hob hervor, dass der Oxydationsgrad, auf welchem der Unterschied zwischen den einzelnen Gruppen beruht, vollständig veränderlich zu sein scheint. In der ersten Gruppe z. B., derjenigen der Alkalimetalle, des Kupfers und des Silbers kennt man die Verbindungen K_2O_4 und Na_2O_2. Ebenso giebt es von den alkalischen Erdmetallen der Gruppe II ganz bestimmte krystallisierte Oxyde, welche den Formeln CaO_2, SrO_2 und BaO_2 entsprechen.

Desgleichen kennen wir die Verbindungen Zn_2O_3, TiO_3, VO_6, Th_2O_7, CeO_3.

[1]) Wyrouboff. Sur la classification pêriodique des éléments. Les actualités chimiques 1. 1; April 1896.

Endlich wurde in der Gruppe VI weder auf die Uebermolybdaensäure, noch auf die Ueberschwefelsäure Rücksicht genommen; ein sehr schwerwiegender Einwand.

2. Die Gruppe VII enthält Verbindungen von der Formel MH entsprechend den Halogenen. Lithium, Natrium, Kalium, Rubidium und Caesium bilden aber bestimmte und krystallisierte Hydrüre von der Formel MH, auf welche in der Einteilung gar keine Rücksicht genommen wurde, ebensowenig wie auf die Hydrüre von Calcium, Baryum und Strontium.

3. Endlicn können die neuen von Lord Rayleigh und Sir William Ramsay und von Sir William Ramsay allein entdeckten Gase, wie Argon, Krypton, Neon und Xenon in der Einteilung von Mendelejeff keinen Platz finden.

Welches immer die Berechtigung dieser Einwände sein mag, soviel steht fest, dass die Einteilung von Mendelejeff, einer der interessantesten Versuche zur Gruppierung unserer Elemente ist. Nach den wichtigen Forschungen auf dem Gebiete der organischen Chemie, bei welchen sich die Anschauung von den homologen Reihen den Gelehrten aufdrängte, lag es nahe, einen gleichen Versuch bei der anorganischen Chemie zu machen, und es liegt nun bei den Laboratoriumsforschern, bei denjenigen, welche die Tatsachen sammeln und den wirklichen Ausbau der Wissenschaft aufführen, den Beweis für die grosse Hypothese zu erbringen. Die Kritik des Experiments ist mächtig genug, um sich nicht in eine der Wahrheit widersprechende Richtung drängen zu lassen[1]).

Sir William Ramsay machte den Vorschlag, die Tabelle von Mendelejeff in folgender Weise zu modifizieren, um dem Einwand zu begegnen, dass das Argon und seine Begleiter in derselben nicht den richtigen Platz finden könnten[2]).

---

[1]) Diese Frage kann hier nur in grossen Zügen behandelt werden, ohne auf die Details der Versuche und Anschauungen der verschiedenen Forscher einzugehen, wie Lecoq de Boisbaudran, Nilson, Roscoë, Carnelley, Thorpe, Brauner, Reynolds, Crookes, Hanghton, L. Hugo, Rantseff, Lund, Mills, Laurie, Ditte, Ridchards, Ridberg, Bazaroff, Flavitsky, Harperath, Willgrott, Hugo Alvisi etc.

[2]) Sir William Ramsay. Modern chemistry, First part, 50.

H	He	Li	Be											B	C	N	O
1	4	7	9											11	12	14	16
F	Ne	Na	Mg											Al	Si	P	S
19	20	23	24											27	28	31	32
Cl	A	K	Ca	Sc	Te	Va	Cr	Mn	Fe	Co	Ni	Cu	Zn	Ga	Ge	As	Se
35	40	39	40	44	48	51	52	55	56	59	58,7	63	65	70	72	75	79
Br	Kr	Rb	Sr	Y	Zr	Nb	Mo	?	Rh	Ru	Pd	Ag	Cd	In	Sn	Sb	Te
80	82	85	87	89	90	94	96	98	102	103	106	108	112	114	119	120	127
J	X	Cs	Ba	La	Ce	Nd	Pr	Sm	?	?	?	?	?	Gd	?	?	?
127	128	133	137	142	140	141	144							156			
				Yb	?	Ta	W	?	Os	Ir	Pt	Au	Hg	Tl	Pb	Bi	?
				173		182	184		191	193	194	197	200	204	207	208	
					Th	?	U										
					232		240										

Kurve von Lothar Meyer. — Lothar Meyer hat die Periodizität, welche bei einigen natürlichen Gruppen der Elemente auftritt, veranschaulicht durch Konstruktion einer Kurve, welche auf umstehenden 2 Seiten zu ersehen sind. Sie ist konstruiert, indem die Atomgewichte als Abscissen und die Quotienten der Atomgewichte durch die spezifischen Gewichte der festen Körper als Ordinaten aufgetragen wurden.

Man erhält so eine Kurve, welche eine Reihe von grössten und kleinsten Werten darstellt, zwischen welchen die Elemente liegen. Die Alkalimetalle, Lithium, Natrium, Kalium, Rubidium und Caesium befinden sich an den Maximalpunkten.

Die gasförmigen, flüssigen oder sehr flüchtigen Elemente ent-entsprechen dem aufsteigenden Aste; die festen, beständigen, schwer verfllüchtigbaren Körper befinden sich in dem absteigenden Aste der Kurve, und die Minimalpunkte umfassen die widerstandsfähigsten Körper.

Die Elemente, deren spezifische Volumina einander naheliegen, zeigen Analogien, wenn sie sich alle entweder auf einem Teile des absteigenden Astes oder auf einem Teile des aufsteigenden Astes der Kurve befinden. Chlor, Brom und Jod z. B. zeigen ungefähr gleiche Ordinaten, welche die Kurve in drei aufsteigenden Teilen schneiden. Dasselbe gilt für Schwefel und

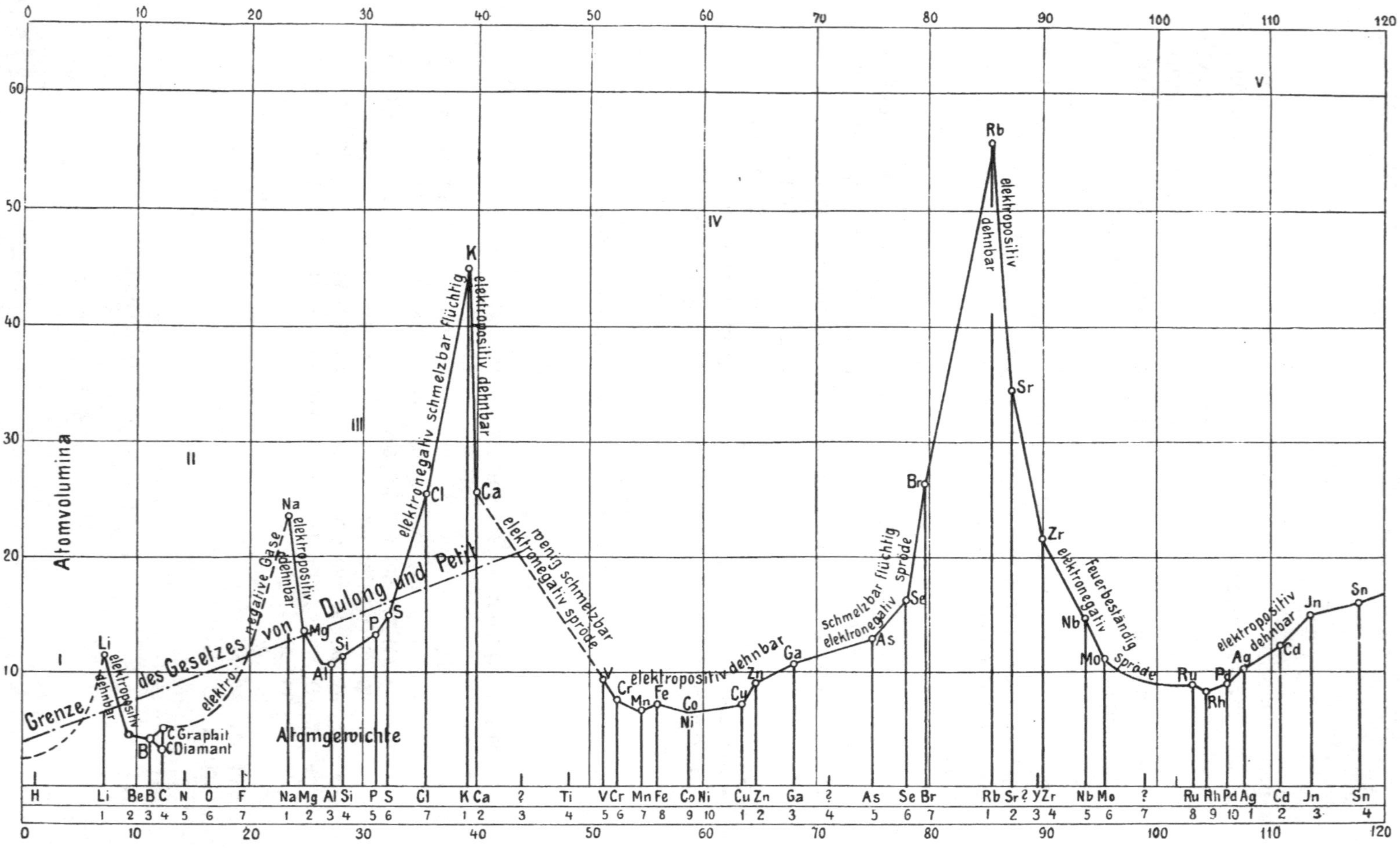
Atomvolumina
Atomgewichte
Grenze des Gesetzes von Dulong und Petit
elektronegative Gase
elektropositiv dehnbar
elektronegativ schmelzbar flüchtig
elektronegativ spröde
wenig schmelzbar
schmelzbar flüchtig
elektronegativ
spröde
elektronegativ feuerbeständig
C Graphit
C Diamant
I
II
III
IV
V

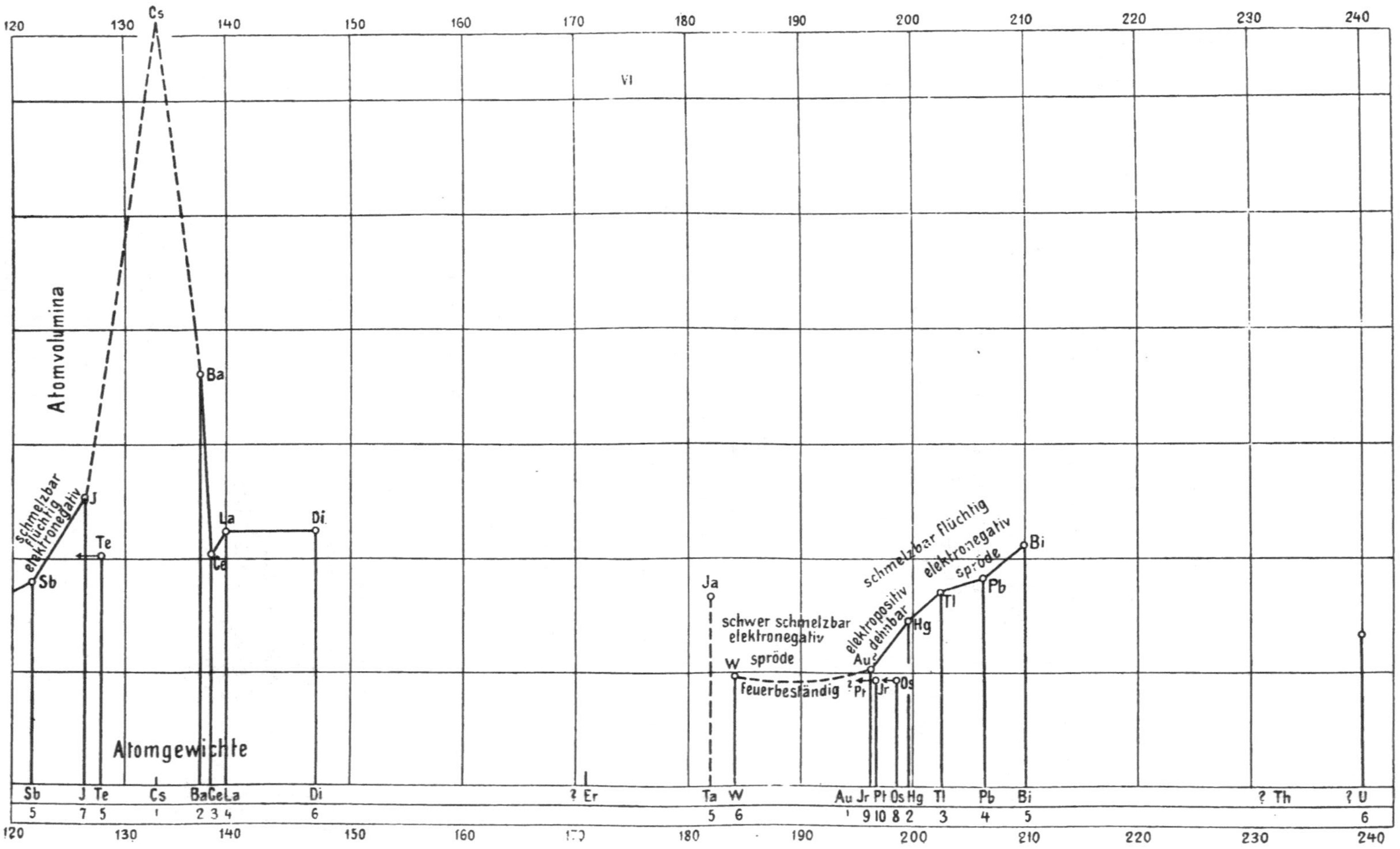
Atomvolumina
Atomgewichte
VI
Cs
Ba
La
Ce
Di
Sb
J
Te
schmelzbar
flüchtig
elektronegativ
Ja
W
schwer schmelzbar
elektronegativ
spröde
feuerbeständig
Au
Pt
Jr
Os
Hg
Tl
Pb
Bi
elektropositiv
dehnbar
schmelzbar flüchtig
elektronegativ
spröde
Sb J Te Cs BaCeLa Di ? Er Ta W Au Jr Pt Os Hg Tl Pb Bi ? Th ? U
5 7 5 1 2 3 4 6 5 6 1 9 10 8 2 3 4 5 6

Selen. Fast der gleiche Fall tritt für Calcium, Strontium und Baryum ein.

Ausserdem umfassen die aufsteigenden Teile die elektronegativen Körper, während die elektropositiven Elemente in den höheren Teilen des absteigenden Astes enthalten sind.

Diese Kurve von Lothar Meyer ist sehr interessant und verdient die Aufmerksamkeit der Chemiker und Physiker.

Einteilung von Moissan. — Es sei mir gestattet, nach diesen grossen Arbeiten mein Scherflein zu dieser heiklen Frage beizutragen. Mein Bestreben war, die Elemente in natürlichen Gruppen zu vereinigen unter Berücksichtigung ihrer physikalischen und chemischen Eigenschaften. Auf diese Weise gelangte ich zu folgender Einteiluung:

Wasserstoff, Helium
Fluor, Chlor, Brom, Jod
Sauerstoff, Schwefel, Selen, Tellur
Neon, Argon, Krypton, Xenon
Stickstoff, Phosphor, Arsen, Antimon, Wismuth, Vanadium Niob, Tantal
Bor
Kohlenstoff
Silicium, Titan, Zirkon, Germanium, Zinn
Caesium, Rubidium, Kalium, Ammonium Natrium, Lithium
Calcium, Strontium, Baryum, Radium
Seltene Erden, Thorium
Beryllium, Magnesium, Zink, Cadmium
Aluminium, Gallium, Indium
Kobalt, Nickel, Eisen, Mangan, Chrom, Molybdaen Wolfram, Uran
Thallium, Blei
Kupfer, Quecksilber
Silber
Gold
Osmium, Ruthenium, Platin, Palladium, Iridium, Rhodium

Nur wenige Worte zur Rechtfertigung dieser Einteilung: Die erste Gruppe umfasst Wasserstoff und Helium, obwohl dieses letztere Gas erst kürzlich von Sir William Ramsay entdeckt wurde und noch nicht genau erforscht ist.

Die Einteilung der zweiten und dritten Gruppe stammt von J. B. Dumas und wurde von der Mehrzahl der Chemiker anerkannt. Die Stellung des Tellurs wurde indes in jüngster Zeit bestritten. Es ist nicht zu leugnen, dass die Erforschung der chemischen und physikalischen Eigenschaften dieses Elementes noch unvollständig ist.

Nach dieser Gruppe habe ich in der Reihenfolge der Atomgewichte das von Lord Rayleigh und Sir Wlliam Ramsay entdeckte Argon und die Begleiter dieses neuen Elementes, Neon, Krypton und Xenon angeordnet. Auch hier muss man noch darauf warten, dass uns die Wissenschaft einige chemische Eigenschaften dieser Elemente mitteilt, bevor wir ihnen einen definitiven Platz anweisen können. Die gegenwärtige Einteilung ist provisorisch, denn infolge der Unkenntnis irgendwelcher chemischer Eigenschaften derselben bilden sie eine eigene Gruppe für sich.

Die folgende Gruppe umfasst: Stickstoff, Phosphor, Arsen, Antimon, Wismuth, Vanadium, Niob und Tantal und entspricht der Gruppe V von Mendelejeff; nur die Reihenfolge ist etwas verschieden. Die Eigenschaften der Elemente dieser Gruppe sind ziemlich ähnlich. Die Chloride werden durch Wasser zersetzt. Das dreiwertige Wismuth kommt nach dem Antimon, und an dasselbe reihen sich Vanadium, Niob und Tantal an, welche grosse Analogien besitzen. Letztere drei Elemente bilden bei hoher Temperatur mit Kohlenstoff Carbide, mit ähnlichen Eigenschaften und von gleicher Formel. An der Spitze der Gruppe steht ein gasförmiger Körper, der Stickstoff, während das Ende von sehr feuerbeständigen Körpern gebildet wird. Vom Arsen angefangen besitzen diese Elemente Metallglanz, ohne dass indess ein einziges von denselben die Eigenschaften eines wirklichen Metalles zeigt. Sie sind spröde und lassen sich weder walzen noch hämmern.

Hierauf kommt das Bor, welches ich vom Kohlenstoff und vom Silicium getrennt habe, wie dies seit langem geschieht, und auch schon von Dumas in seinen Arbeiten über die Atomgewichte hervorgehoben wurde.

Ebenso steht in meiner Einteilung auch der Kohlenstoff allein. Meiner Ansicht nach kann derselbe mit keinem anderen Elemente verglichen werden, und die ungeheure Entwicklung der organischen Chemie scheint diese Trennung zu rechtfertigen. Trotz der schönen Arbeiten von Woehler, von Friedel und Ladenburg muss man zugestehen, dass die sogenannten organischen Siliciumverbindungen in ihren Eigenschaften den Kohlenstoffverbindungen von gleicher Formel absolut nicht ähnlich sind.

Dagegen nähert sich das Silicium ganz deutlich dem Titan, dem Zirkon und Germanium. Alle diese Elemente geben Verbindungen, welche der Kieselfluorwasserstoffsäure vergleichbar sind und viele isomorphe Salze.

Ihre Halogenverbindungen sind flüchtig und werden durch Wasser zersetzt. Auch der Isomorphismus der Silicate und Titanate wurde einwandsfrei festgestellt.

An das Ende dieser Gruppe habe ich das Zinn gestellt, obwohl es sich von den vorhergehenden Körpern durch seine durchaus metallischen Eigenschaften etwas unterscheidet. Es giebt zwar wenig salzähnliche Verbindungen, dagegen können sich die Dioxyde von Titan, Zirkon und Zinn mit Säuren zu beständigen Verbindungen vereinigen. Die Chloride und Fluoride aller dieser Metalloide sind vergleichbar; endlich zeigen auch die Doppelfluoride, Fluorsilikate, Fluortitanate, Fluorzirkonate, Fluorgermanate und Fluorstannate zahlreiche Fälle von Isomorphismus.

Die Alkalimetalle bilden mit Rücksicht auf ihre Eigenschaften eine sehr bestimmte natürliche Gruppe, welche auch das Lithium umschliesst, und zu welcher ich nach alter Gewohnheit das hypothetische Radikal Ammonium hinzugefügt habe,

Caesium und Rubidium müssen an der Spitze der Gruppe stehen, weil ihre chemische Reaktionsfähigkeit sehr gross ist.

Caesium entzündet sich von selbst an der Luft. Die einfachen Salze von Caesium sind leichter löslich als diejenigen von Rubidium, welche wieder eine grössere Löslichkeit beitzen. als die Kaliumsalze. Auch die Löslichkeit der Chloroplatinate und Alaune nimmt von Caesium zum Rubidium und vom Rubidium zum Kalium zu.

Alle diese Metalle können durch Elektrolyse der Chloride dargestellt werden. Sie zersetzen Wasser in der Kälte unter Bildung von Wasserstoff und analogen Hydraten. Mit Chlor geben sie isomorphe Chloride von der Formel RCl. Alle diese Metalle sind einwertig und bilden Hydrüre von der Formel RH, und Carbide, welche durch kaltes Wasser unter Entwicklung von Acetylen zerzetzt werden.

Auch die Ammoniksalze können zu dieser Gruppe gerechnet werden infolge der Bildung des Ammoniumamalgams und ihres Isomorphismus mit einigen Alkalisalzen

Die alkalischen Erdmetalle Calcium, Strontium und Baryum bilden eine genau bekannte Gruppe, zu welcher auch das von den beiden Curie's entdeckte Radium gemäss seinem Atomgewichte zu rechnen ist. Es sind zweiwertige Metalle, welche ein einziges Chlorid von der Formel RCl_2 liefern. Ihre Oxyde lassen sich durch Kohle im elektrischen Ofen reduzieren, wobei Carbide gebildet werden, welche durch kaltes Wasser unter Entwicklung von Acetylen zersetzt werden. Alle liefern Wasserstoffverbindung von der Formel RH_2.

Die Gruppe der seltenen Erden habe ich nach den alkalischen Erdmetallen eingefügt. Diese seltenen Erden, deren Erforschung übrigens noch unvollständig ist, zerfallen in zwei ziemlich bestimmte Gruppen, diejenige des Cers und diejenige des Yttriums. Im Allgemeinen lassen sich ihre Oxyde nur schwer durch Kohlenstoff reduzieren. Im elektrischen Ofen bilden sie Carbide, welche durch kaltes Wasser unter Entwicklung eines komplizierten Gemenges von Kohlenwasserstoffen zersetzt werden.

Auf die seltenen Erden folgt das Thorium, welches durch einige seiner Eigenschaften dem Cer verwandt ist. Sein Carbid, welches im elektrischen Ofen leicht zu erhalten ist, lässt es eher den seltenen Erden, als dem Zirkon verwandt erscheinen.

Beryllium, Magnesium, Zink und Cadnium bilden eine ziemlich natürliche Gruppe und liefern Oxyde und Chloride von gleicher Formel und analogen Eigenschaften. Diese vier Metalle sind kräftige Reduktionsmittel. Ihre Carbonate und Nitrate zeigen merkwürdige Analogien.

Mit Rücksicht auf sein Atomgewicht habe ich das Beryllium dem Magnesium voraus gestellt; es kann sogar als Uebergangsglied zwischen den seltenen Erden und der Magnesiumgruppe betrachtet werden. Dies Element findet sich in vielen Mineralien der Yttriumreihe, im Gadolinit und im Monazitsand von Nord-Carolina. Es sei indessen auch daran erinnert, dass die Doppelsalze des Berylliumsulfates keine Analogien mit den Alaunen und mit den Doppelsulfaten der Magnesiumreihe zeigen.

Die folgende Gruppe umfast Aluminium, Gallium und Indium; diese drei Metalle stehen zu einander in Beziehung durch ihre Chloride R_2Cl_6 und ihre Oxyde R_2O_3, ausserdem durch die Analogie ihrer Nitrate, Sulfate und Ammoniakalaune. Die Oxyde lassen sich alle durch Kohle reduzieren, wenn auch bei sehr verschiedenen Temperaturen. Ihre Atomgewichte bewegen sich in aufsteigender Richtung.

Für die Metalle der Eisengruppe habe ich nachstehende Reihenfolge festgesetzt: Kobalt, Nickel, Eisen, Mangan, Chrom, Molybdän, Wolfram, Uran. Die Schmelzpunkte aller dieser Metalle steigen in der Reihenfolge derselben und liegen ziemlich hoch. In reinem Zustande lassen sie sich leicht feilen, sie ritzen nicht einmal Glas. Alle liefern mit Chlor Verbindungen von der Formel RCl, und manche geben mehrere Fluor-, Chlor- und Jodverbindungen. Die Sauerstoffverbindungen sind meistens sehr zahlreich. Die Säurefunktion nimmt für die Peroxyde von einem Ende der Gruppe zum anderen deutlich zu. Kobalt, Nickel, Eisen, Mangan und Chrom liefern alle Monoxyde und Reihen von entsprechenden Salzen. Die untereinander isomorphen Sulfate der Monoxyde geben mit den Alkalisulfaten eine homogene Reihe von isomorphen Doppelsalzen. Alle diese Elemente kommen oft zusammen in denselben Mineralien vor.

Wie Zenger im Jahre 1881 gefunden hat, ergeben die ersten vier Metalle bei Multiplikation ihres spezifischen Gewichtes mit der spezifischen Wärme eine Konstante.

Molybdän und Wolfram, welche nicht so leicht Salze bilden, liefern beständige Säuren mit bedeutendem Polymerisationsvermögen.

In flüssigem Zustande nehmen alle diese Metalle Kohlenstoff auf und liefern kohlenstoffhaltige Rohmetalle. Die zwei ersten, Kobalt und Nickel, ausgenommen, liefern alle mit Kohlenstoff im elektrischen Ofen bestimmte und krystallisierte Carbide. Alle ergeben im elektrischen Ofen Silicide; diejenigen von Kobalt, Nickel, Eisen und Mangan haben dieselben Formeln Si_2R, SiR und SiR_2. Chrom bildet zwei den vorangehenden Metallen analoge Silicide Si_2Cr und Si_2Cr_2 und ausserdem Si_2Cr_3 und $SiCr_3$. Das erstere ist den Siliciden von Wolfram und Molybdän Si_2R_3 analog.

In die folgende Gruppe gehört das Thallium und das Blei; beide Metalle sind ziemlich leicht flüchtig. Thallium ist ein- und dreiwertig, Blei zwei- und vierwertig. Blei und besonders Thallium oxydieren sich leicht an der Luft. Die Oxyde sind in Wasser leicht löslich und deutlich alkalisch. Beide Metalle werden leicht durch Chlor angegriffen. Ihre Halogenverbindungen sind unlöslich oder schwer löslich, und zwar liefert jedes Metall zwei Reihen von Salzen. Alle werden durch Schwefelwasserstoff gefällt: die Sulfide sind in Alkalsulfiden unlöslich.

Sie liefern weder Carbide noch Silicide noch Nitride. Bei ihrem Siedepunkte lösen sie eine kleine Menge Kohlenstoff auf. Ihre Verbindungen sind giftig.

Hierauf folgen Kupfer und Quecksilber, welche zwei Reihen von Verbindungen liefern. Ihre Oxyde zerfallen in der Wärme. Diese Metalle werden durch Fluor und Chlor leicht angegriffen, bilden mit Leichtigkeit Ammoniakverbindungen, jedoch weder Carbide noch Nitride.

Das Silber wollte ich keinem andern bekannten Metall an die Seite stellen. Infolge seiner Valenz, der geringen Löslichkeit seines Oxydes in Wasser und des Isomorphismus einiger Salze wurde es von mehreren Forschern zu den Alkalimetallen gerechnet. Von diesen unterscheidet es sich aber deutlich durch seine metallischen Eigenschaften und seine thermochemischen Werte.

Vielleicht befinden wir uns nach der Meinung von Berthelot in Gegenwart eines Metalles, welches einige Verbindungen liefert, die sich sehr rasch polymerisieren. Wie dem auch sei, die besonderen Eigenschaften des Silbers gestatten nicht, es anderen Elementen an die Seite zu stellen.

Dasselbe gilt für Gold. Auch dieses Element zeigt in der Gesammtheit seiner Eigenschaften, in der Zusammensetzung seiner Chloride und Oxyde Eigentümlichkeiten, durch welche es sich von den anderen Metallen entfernt.

Dagegen bilden die Platinmetalle bis jetzt eine ziemlich natürliche Gruppe. Sie kommen in denselben Mineralien vor, und ihre chemischen und physikalischen Eigenschaften gestatten interessante Vergleiche. Diese Metalle sind schwer schmelzbar und liefern mannigfaltige Cyandoppelverbindungen. Mehrere ergeben auch sehr merkwürdige Ammoniakderivate. Im allgemeinen würde es sich lohnen, das ganze Gebiet durch neue Forschungen zu erweitern. Die Reihenfolge in dieser Einteilung der Platinmetalle wurde von Leidié angegeben.

Es sei hervorgehoben, dass die Einteilung, deren Hauptmerkmale in grossen Zügen eben vorgeführt werden, weit davon entfernt ist, vollkommen zu sein. Unter Berücksichtigung der Gesammtheit der Eigenschaften der Elemente zeigt sie im Allgemeinen eine gewisse Kontinuität vom Anfang bis zu der Eisengruppe. Von dort an aber besteht sie nur mehr aus kleinen natürlichen Gruppen oder sogar aus einzelnen Metallen, wie Gold und Silber, für welche zur Zeit eine Einteilung nicht möglich ist.

Es scheint in der Tat sehr schwierig zu sein, gegenwärtig eine natürliche Einteilung der Elemente festzustellen:

1. weil nicht alle Elemente bekannt sind;
2. weil wir die Eigenschaften einer grossen Zahl dieser Elemente nicht kennen.

Die Kenntniss der Metalloide beginnt eine etwas eingehendere zu werden, dagegen wissen wir nicht, wieviel Metalle wir überhaupt in reinem Zustande darstellen können. Mit Ausnahme von Kupfer, Silber, Quecksilber und vielleicht Gold giebt es kein einziges Metall, welches in verschiedenen Proben von verschiedenen Darstellungen dieselbe elektrische Leitfähigkeit zeigen würde.

Was wissen wir von den Elementen mit hohen Atomgewichten?

Trotz der interessanten Untersuchungen über die seltenen Erden ist dieses ganze Kapitel noch ziemlich dunkel, und doch ist es von ausserordentlicher Wichtigkeit mit Rücksicht auf die Einteilungen und die allgemeinen Theorien.

Einzelne natürliche Gruppen tauchen hier und dort auf, wie Inseln mit genau begrenzten Umrissen.

Trotz der Unvollständigkeit, welche eine natürliche Einteilung noch mit sich bringt, war ich der Ansicht, dass es vorzuziehen ist, die Elemente nach ihren bekannten Eigenschaften zu gruppieren als sie dem Leser im Wirrwarr der alphabetischen Reihenfolge vorzuführen.

Dieser ausführliche Überblick über die Versuche zur Einteilung der Elemente erklärt zugleich die Schwierigkeit des Problems und die Bedeutung der in allen Ländern von einer so grossen Zahl von Forschern mit aller Anstrengung verfolgten Untersuchungen.

Die Wichtigkeit des Problems rechtfertigt diese Beharrlichkeit. Die Frage ist noch nicht gelöst, aber mitten in den Kritiken und Diskussionen, welche sie hervorruft schulden wir dankbare Erinnerung all denen, welche daran gearbeitet haben, und wir können schliessen unter Anführung des Ausspruches von Renan:

„Der traurigste Irrtum ist der, zu glauben, dass man seinem Vaterlande dient, indem man diejenigen verläumdet, welche es gegründet haben.“[1])

HENRI MOISSAN
Mitglied der Académie des Sciences,
Professor an der Universität Paris.

---

[1]) Diese Abhandlung bildet die Vorrede des unter der Leitung von Henri Moissan herausgegebenen *„Handbuches der anorganischen Chemie“*, Paris Verlag von Masson & Cie.

M. KRAYN, Verlagsbuchhandlung, BERLIN W. 57, Kurfürstenstr. 11.

In meinem Verlage erschien:

Der elektrische Ofen

von Henri Moissan.

—— Autorisierte deutsche Ausgabe. ——

Uebersetzt von Dr. Theodor Zettel.

Mit 42 in den Text gedruckten Abbildungen.

Mit Anhang: Nachträge zum elektrischen Ofen.

Preis brosch. 15 M., geb. 17 M.

INHALTSÜBERSICHT.

Das Werk zerfällt in vier Kapitel.

Das erste enthält die Beschreibung der verschiedenen Modelle elektrischer Oefen, welche zu unseren Untersuchungen dienten, und hierauf die Verwendung derselben zum Schmelzen und zur Verflüchtigung einiger feuerbeständiger Körper.

Das zweite Kapitel umfasst die Untersuchungen über die drei Kohlenstoffvarietäten: Amorpher Kohlenstoff, Graphit und Diamant.

Das dritte Kapitel behandelt die Darstellung einiger einfacher Körper im elektrischen Ofen und Untersuchungen über Chrom, Mangan, Molybdaen, Wolfram, Uran, Vanadin, Zirkonium, Titan, Silicium, und Aluminium.

Das vierte Kapitel enthält die Forschungen über neue Reihen von Verbindungen, die Carbide, Silicide und Boride. Neu entdeckte Körper werden beschrieben, und ihre Darstellung, Eigenschaften und Analyse mitgeteilt. Besonders die Darstellung des Calciumcarbids bildete den Gegenstand neuer Untersuchungen, welche ausführlich wiedergegeben werden.

Zum Schluss folgen allgemeine Erörterungen und die Nachträge über die weiteren Forschungen zum elektrischen Ofen.

Der Anhang:

Nachträge zum elektrischen Ofen

ist auch zum Preise von 2 Mark separat zu beziehen.

Zu beziehen durch alle Buchhandlungen und durch den Verlag.

M. KRAYN, Verlagsbuchhandlung, BERLIN W. 57. Kurfürstenstr. 11.

In meinem Verlage erschien:

Das Fluor und seine Verbindungen

von

Henri Moissan,

Professor an der Universität Paris,
Mitglied der Académie des Sciences etc.

Autorisierte deutsche Ausgabe

von

Dr. Th. Zettel.

Inhalts-Übersicht: Abscheidung des Fluors. — Neue Apparate zur Erzeugung von Fluor. — Physikalische Eigenschaften des Fluors. — Verbindungen des Fluors mit den Metalloiden. — Untersuchung einiger Fluorverbindungen. — Verbindung des Fluors mit den Metallen. — Einwirkung von Fluor auf einige organische Verbindungen. — Einige Constanten des Fluor. — Neue Eigenschaften des Fluor.

Ausführlicher Prospekt gratis durch die Verlagsbuchhandlung.

Preis broch. M. 12.—, gbd. M. 13,50.

Zu beziehen durch alle Buchhandlungen und durch den Verlag.

M. KRAYN, Verlagsbuchhandlung, BERLIN W. 57, Kurfürstenstr. 11.

In meinem Verlage erscheinen:

Kalender für Elektrochemiker sowie Technische Chemiker und Physiker

für das Jahr 1904. — VIII. Jahrgang.

Herausgegeben von **Dr. A. NEUBURGER**, Redakteur der „Elektrochemischen Zeitschrift".

Mit vielen Abbildungen und Tabellen.

In Brieftaschenformat gebunden mit einer Beilage (zus. über 60 Bgn.) Preis Mark 4,—.

Der Inhalt des Kalenders zerfällt in folgende Abschnitte:

1. Elektrotechnik. — 2. Chemie. — 3. Elektrochemie. — 4. Mathematik. — 5. Physik. 6. Technische Mechanik und Maschinen. — 7. Brennmaterialien, Feuerung und Wärmeleitung. — 8. Gesetze und Verordnungen. — 9. Gemeinnütziges. — 10. Kalendarium.

Die „Chemiker-Zeitung" vom 26. 12. 1900 schrieb:

Es ist fast überflüssig, dem Erscheinen des fünften Jahrganges des allgemein geschätzten und anerkannten Neuburger'schen Kalender für Elektrochemiker ein empfehlendes Wort beizufügen. Der Inhalt steht in den einzelnen Teilen durchweg auf der Höhe unserer heutigen Kenntnisse und ist an Reichhaltigkeit und Zuverlässigkeit allen Ansprüchen gerecht, welchen er dienen kann. **So wird derHinweis auf das Neuerscheinen des Kalenders genügen, dessen praktische Brauchbarkeit nach seiner mehrjährigen Bewährung kaum betont zu werden braucht.**

Zu beziehen durch jede Buchhandlung. — Man verlange den Kalender zur Ansicht.

Elektrochemische Zeitschrift

Organ für das Gesamtgebiet

der Elektrochemie, Elektrometallurgie, Galvanoplastik, Galvanostegie, für den Batterien- und Akkumulatorenbau.

Herausgegeben unter Mitwirkung der hervorragendsten Vertreter der Wissenschaft und Praxis von **Dr. A. NEUBURGER.**

Begründet 1894

Mit der „Elektrochemischen Zeitschrift" ist sowohl in **wissenschaftlicher,** wie ganz besonders in **praktischer** Hinsicht ein **Sammelpunkt für alle Veröffentlichungen auf dem Gebiete der**

Elektrochemie, Elektrometallurgie, Galvanoplastik, Galvanostegie

ferner für den

Batterien- und Akkumulatorenbau

geschaffen worden und dieselbe hat eine stetig wachsende Beachtung in Fachkreisen gefunden.

Die „Elektrochemische Zeitschrift" zählt die hervorragendsten Vertreter der Wissenschaft und Praxis zu ihren Mitarbeitern. — Ganz besonderer Wert wird auf eine ausführliche Berichterstattung über die hervorragenderen Veröffentlichungen der gesamten Litteratur des In- und Auslandes, sowie die Beschreibung der einschlägigen Patente aller Länder gelegt, sodass sich für die Leser der „Elektrochemischen Zeitschrift" das Abonnement auf andere, besonders die kostspieligen ausländischen Zeitungen erübrigt.

Der Abonnementspreis

beträgt für den Jahrgang Mk. 16,— (pro Quartal Mk. 4 —) für das Ausland Mk. 18,40.

Bestellungen nehmen alle Buchhandlungen, Postanstalten und die Verlagsbuchhandlung an.

Jahrgang I—X kann zum Preise von **je Mk. 16,—, gebunden Mk. 17 50** noch in wenigen Exemplaren nachgeliefert werden.

Probenummern gratis durch den Verlag, sowie durch alle Buchhandlungen.

M. KRAYN, Verlagsbuchhandlung, BERLIN W. 57, Kurfürstenstr. 11.

Soeben erschien:

Wasserpilze und Kalkreinigung.

Zwei wichtige Punkte der Abwässerfrage. Auf Grund praktischer Erfahrungen und langjähriger Beobachtungen kritisch beleuchtet von **H Schreib.**

12 Bogen gr. 8°. Preis brosch. Mark 7,50, gbd. Mark 8,70.

Ein aus der Praxis auf Grund langjähriger Erfahrungen geschriebenes Buch, das bestimmt ist eine ganze Reihe in der Abwässerlitteratur festgewurzelter irriger Anschauungen richtig zu stellen. Speciell behandelt sind die durch Abwässer erzeugten Pilzbildungen und die chemisch-mechanische Reinigung der Abwässer mit Kalk. **Für alle Fachleute, Chemiker, Hygieniker, Ingenieure sowie für städtische Verwaltungen und die Abwässer liefernden Fabriken** dürfte das Werk von grösstem Interesse sein.

In zweiter verbesserter und vermehrter Auflage erschien:

Georg Buchner

Die Metallfärbung und deren Ausführung

mit besonderer Berücksichtigung **der chemischen Metallfärbung**

Praktisches Hilfs- und Lehrbuch für alle Metallgewerbe wie

Broncewarenfabriken, Erzgiessereien, Bijouteriefabriken, Galvanoplastische Anstalten, Gelbgiesser, Goldwarenfabrikanten, Gravier- und Prägeanstalten, Gürtler, Gold- und Silberarbeiter, Kunstgiessereien, Leonische Drahtfabriken, Mechaniker, Metallwarenfabriken jeder Art, Rotgiesser, Vergolder, Zinkgussfabriken und so weiter; ferner für Kunstgewerbeschulen, sowie für Fachschulen des Metallgewerbes und des Metallkunstgewerbes.

Preis brosch. M. 6,—, geb. M. 7,—.

Die Gehaltsbestimmungen

der galvanischen Bäder und die Chemikalien des Galvanotechnikers.

Von Dr. **M. Krüger.**

Preis brosch. M. 2,—.

Die Legierungen

in ihrer Anwendung für gewerbliche Zwecke.

Ein Hand- und Hilfsbuch für sämtliche Metallgewerbe.

Von Prof. u. Oberbergrat A. Ledebur. 2. Auflage. Preis gebunden M. 4,—.

Die galvanischen Metallniederschläge

(Galvanoplastik und Galvanostegie)

und deren Ausführung

von Hubert Steinach u. Georg Buchner,

Zweite Auflage. Preis brosch. M. 4,—, gebunden M. 5,—.

Zu beziehen durch jede Buchhandlung und durch den Verlag.

Ausführliche Prospekte gratis durch den Verlag.

M. KRAYN, Verlagsbuchhandlung, BERLIN W. 57, Kurfürstenstr. 11.

In meinem Verlage erschienen:

Induktionsmotoren.

Ein Compendium für Studierende und Ingenieure.

Deutsche autorisierte und erweiterte Bearbeitung von **B. A. Behrend:** **„The induction motor"**, unter Mitwirkung von Professor **W. Kübler,** Dresden herausgegeben von

Dr. Paul Berkitz.

Mit 107 Textfiguren und 10 Tafeln.

12 Bogen 8°. Preis: brosch. 10,— Mk., geb. 11,50. Mk.

Das vorliegende Buch ist eine freie deutsche Bearbeitung und Erweiterung von **A. Behrend:** **„The induction motor".** Dem studierenden und praktischen Ingenieur wird hiermit ein Compendium geboten, welches den heutigen Stand der Theorie und Praxis der Induktionsmotore erschöpfend behandelt. Es ist das in der Fachlitteratur verstreut liegende brauchbare Material compilatorisch zusammengestellt und kritisch bearbeitet, ferner sind vor allem auch die Erfahrungen aus der Praxis berücksichtigt worden. Jedem, der sich mit dem Gebiete der Induktionsmotoren intensiv beschäftigt, wird mit diesem Werk ein unentbehrlicher Leitfaden an die Hand gegeben. Eine sehr grosse Anzahl Abbildungen und Tafeln sind zur Erläuterung des Textes beigefügt. — Die gesamte Fachpresse hat dieses Werk als eine bedeutende Erscheinung der elektotechnischen Litteratur bezeichnet.

Die Fabrikation der Theerfarbstoffe

und ihrer Rohmaterialien.

Von **Dr. W. Harmsen.** — Mit 34 Illustr.

Preis gebunden Mk. 10.—.

Ammoniak und Ammoniak-Präparate.

Die Fabrikation derselben.

bearbeitet von **Dr. R. Arnold.**

Preis gebunden Mk. 4,50.

Die Wassergas-Erzeugung

in kontinuierlichem Betriebe

nebst einem Anhang: **„Ueber die notwendigen Verluste beim Dellwickprozess.**

Von **Dr. Felix Clauss.**

Preis Mk. 1,50.

Die Lösung der Rauch- und Rußfrage

durch eine **neue Theorie der Rauchverbrennung**

nebst praktischer Anleitung zur Ausführung derselben von **Adolf Lov.**

Preis broschiert Mk. 1,50.

Geschichte der Chemie in synchronistischer Darstellung.

Ein kurz gefasster Leitfaden

für Fachmänner und Laien, Studierende und Praktiker, für Schüler und zum Selbstunterricht von **Dr. phil. Max Weitz.**

Preis Mk. 1,50.

Die billigste Geschichte der Chemie sollte als bequemes und übersichtliches Nachschlagebuch bei keinem Chemiker fehlen.

Zu beziehen durch jede Buchhandlung und durch den Verlag. — Ausführliche Prospekte gratis durch den Verlag.

M. KRAYN, Verlagsbuchhandlung, BERLIN W. 57, Kurfürstenstr. 11.

In meinem Verlage erschienen:

Lehrbuch der Analysis von **Chr. Sturm.**

Deutsch übersetzt und bearbeitet von **Prof. Dr. Th. Gross.**

Privatdozent an der Königl. techn. Hochschule zu Charlottenburg.

Einzige deutsche Ausgabe des bekannten Cours d'Analyse von Chr. Sturm.

Zwei Bände. Preis pro Band brosch. M. **7,50.** geb. M. **9,—** Zwei Bände.

Handbuch für das Physiologisch-Chemische Laboratorium

enthaltend **Die Darstellungsmethoden** und **Die Reagentien** (in alphabetischer Reihenfolge) von **John A. Mandel,**

Professor der Chemie am New-York College of Veterinary Surgeons und Assistent für Chemie etc. am Bellevue Hospital Medical College u. dem College of the City of New-York.

Einzige autorisierte deutsche Uebersetzung Preis brosch. M. **3,50** geb. M. **4,50.**

Kritische Beiträge zur Energetik v. Professor Dr. Th. Gross.

Heft I. **Die Verwandlungen der Kraft nach Robert Meyer.** (4 Bogen, gr. 8°). — Preis brosch. M. **1,75.**

Heft II. **Hermann von Helmholtz und die Erhaltung der Energie.** (10 Bogen). — Preis brosch. M. **3,50.**

Die Mechanik der Atome von **Dr. Gustav Platner.**

Preis broschiert M. **2,50.**

Die elementare Physik des Aethers (Kraft u. Masse) von **Rudolf Mewes,**

Physiker und Ingenieur.

2 Teile. I. Teil eleg. brosch. M. **2,—.** II. Teil M. **4,—.** Beide Teile zugleich bezogen M. **5,—,** eleg. geb. M. **6,50.**

Bestimmung der Fortpflanzungsgeschwindigkeit der Schwerkraftstrahlen und deren Wirkungsgesetze

von Rudolf Mewes, Ingenieur und Physiker. — Preis brosch. M. **2,—.**

Licht-, Elektrizitäts- und X-Strahlen.

Ein Beitrag zur Erklärung der Röntgen'schen Strahlen von **Rudolf Mewes,** Ingenieur und Physiker. 2. Ausgabe. Preis brosch. M. **2,50.**

Christian Huyghens.

Abhandlung über die Ursache der Schwere.

Preis brosch. M. **1,50.**

E. Clapeyron.

Ueber die bewegende Kraft der Wärme.

Preis brosch. M. **1,50.**

Zu beziehen durch alle Buchhandlungen und durch den Verlag.

Buchdruckerei Otto & Emil Klett
Berlin SW., Kommandantenstr. 16.

FSC
www.fsc.org
MIX
Papier | Fördert
gute Waldnutzung
FSC® C083411

Kolibri 360 GmbH
Ferdinand-Jühlke-Straße 7
99095 Erfurt, Deutschland
produktsicherheit@kolibri360.de